郭建平　主编　　　陈　娟　副主编

数控车削加工
典型实例分析与详解

SHUKONG CHEXIAO JIAGONG
DIANXING SHILI FENXI YU XIANGJIE

化学工业出版社
·北京·

本书着重从加工工艺、加工技巧、编程技巧及方法等方面分析数控车床典型零件的切削加工,目的是让读者学习并掌握数控车加工相关技术及难点。本书案例从简单到复杂,由浅入深,既有独立性又有联系性,读者可以参照实例举一反三。此外,本书还对数控车工职业技能鉴定和职业技能大赛做了简要介绍。

本书内容针对的是具有一定加工基础的数控加工技术人员,或是准备参加数控技能竞赛的职工(学生),同时为职业院校数控专业教师的教学及技能提高提供参考。

图书在版编目(CIP)数据

数控车削加工典型实例分析与详解/郭建平主编. —北京:化学工业出版社,2019.8
ISBN 978-7-122-34413-7

Ⅰ.①数… Ⅱ.①郭… Ⅲ.①数控机床-车床-车削-加工工艺 Ⅳ.①TG519.1

中国版本图书馆 CIP 数据核字(2019)第 082247 号

责任编辑:曾 越 文字编辑:陈 喆
责任校对:张雨彤 装帧设计:王晓宇

出版发行:化学工业出版社(北京市东城区青年湖南街 13 号 邮政编码 100011)
印 装:高教社(天津)印务有限公司
787mm×1092mm 1/16 印张 10½ 字数 282 千字 2019 年 9 月北京第 1 版第 1 次印刷

购书咨询:010-64518888 售后服务:010-64518899
网 址:http://www.cip.com.cn
凡购买本书,如有缺损质量问题,本社销售中心负责调换。

定 价:49.00元 版权所有 违者必究

前言

目前，在先进制造业中，数控加工技术已经得到广泛的应用，掌握数控加工技术、熟练操作数控机床已经成为新时代机械工人的最基本技能。 同时，高素质、高技能数控技能人才在企业中的需求量也在与日俱增。 因此，为了提高职业院校的技能培养水平，全面提高数控车工的编程与技能，笔者结合自己的教学实践及加工经验，编写了《数控车削加工典型实例分析与详解》一书，用以满足广大师生、一线工人的需求。

本书以典型加工零件、数控竞赛样题、技能鉴定样题等为例，从工件的图纸分析、工艺安排、编程思路、方法及技巧、加工注意事项等几方面详细解析，解决相关技术及加工难点。 每个实例各有特点，包含着笔者的操作心得、经验窍门，综合性很强，且具备一定的代表性。 本书本着简单、实用、通俗易懂及难易递增的编写思路，注重知识技能的启发性、实用性。 本书所叙宏程序可作为编程模板使用，读者可按照模板格式套用编程。 对于数控加工，应该采取手工编程和自动编程结合的形式来进行，即充分发挥数控车循环指令的编程技巧，突出效率，而不要千篇一律地自动编程。 因此本书实例在手工编程方面做了重点讲解，同时读者也可根据自己的加工习惯套用实例采用 CAD/CAM 软件进行编程加工。该书不仅适用于具有一定操作经验的企业职工，也适用于职业院校的实训教学培训，是各类数控加工技能竞赛、职业院校数控专业综合实训教学的参考书，希望本书能够给广大读者一定的指引和帮助。

本书由郭建平主编，陈娟副主编。 参与编写的还有北京电子科技职业学院汽车工程学院曹著名、北京工贸技师学院机电工程学院曹怀明。

鉴于编者水平有限，书中难免有不足之处，恳请读者批评与指正，在此表示感谢。

编者

典型实例一

爆炸物零件加工

一、零件图纸（图 1-1、图 1-2）

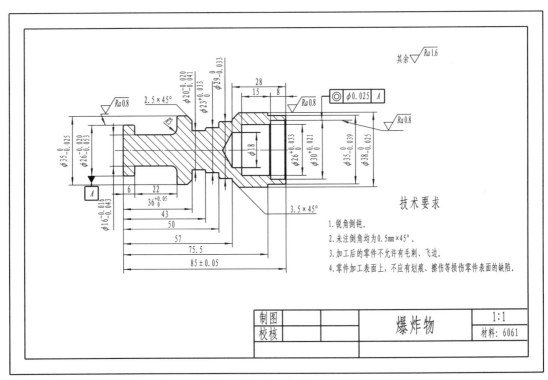

图 1-1 零件图

技术要求

1. 锐角倒钝。

2. 未注倒角均为 0.5mm×45°。

3. 加工后的零件不允许有毛刺、飞边。

4. 零件加工表面上，不应有划痕、擦伤等损伤零件表面的缺陷。

制图			爆炸物	1:1
校核				材料:6061

图 1-2 爆炸物零件三维图

二、图纸要求

① 毛坯尺寸：$\phi40\text{mm}\times90\text{mm}$。

② 零件材料：45 圆钢。

③ 加工时间：60min。

三、工量刃具清单

工量刃具清单见表 1-1。

表 1-1 工量刃具清单

序号	名称	规格/mm	数量	备注
1	游标卡尺	0～150(0.02)	1	
2	千分尺	0～25、25～50(0.01)	1	
3	百分表	0～10(0.01)	1	
4	磁性表座		1	
5	内经百分表	18～35(0.01)	1	
6	外圆车刀	93°外圆仿形刀（刀尖角 35°）	1	刀尖圆弧 $R0.4\text{mm}$，机夹涂层刀片
7	外圆车刀	93°外圆仿形刀（刀尖角 55°）	1	刀尖圆弧 $R0.4\text{mm}$，机夹涂层刀片
8	内孔车刀	$\phi12$ 盲孔	1	刀尖圆弧 $R0.4\text{mm}$，机夹涂层刀片
9	切槽刀	刀宽 3	1	机夹涂层刀片
10	麻花钻	$\phi16$	1	
11	中心钻	$\phi2.5$	1	
12	附具	莫氏钻套、钻夹头	各 1	
13	其他	铜棒、铜皮、垫片、毛刷等常用工具		选用

四、图纸分析

该零件毛坯尺寸为 $\phi40\text{mm}\times90\text{mm}$，材料为 6061；该零件具有阶台、外槽及内孔等形状特征，各部位加工尺寸公差小，精度高，表面粗糙度数值较小，达到 $\sqrt{Ra\,0.8}$、$\sqrt{Ra\,1.6}$，要求高；加工难点有三个，一是三个外槽尺寸 $\phi20_{-0.041}^{-0.020}\text{mm}$、$\phi23_{0}^{+0.033}\text{mm}$、$\phi29_{-0.033}^{0}\text{mm}$ 的尺寸保证，二是同轴度 $\boxed{\odot\,|\,\phi0.025\,|\,A}$ 的保证，三是表面粗糙度的保证。

五、设备要求

使用车床型号为 CAK6140；数控系统采用 FANUC 0i MATE-TD；采用四刀位四方刀架。

六、工艺路线制定与安排

1. 总体加工方案分析

该零件采用三爪自定心卡盘装夹，根据毛坯尺寸，应先加工右部外圆 $\phi38_{-0.025}^{0}\text{mm}$、

$\phi35_{-0.039}^{0}$mm、倒角 3.5mm × 45°和内孔 $\phi30_{0}^{+0.021}$mm、$\phi26_{0}^{+0.033}$mm，而后调头装夹 $\phi38_{-0.025}^{0}$mm 外圆处，用磁力百分表找正，加工左部所有需加工部位。

2. 工序安排

工序 1：夹毛坯，手动车端面，钻孔 $\phi18$mm × 35mm。

工序 2：粗、精车外圆 $\phi39$mm × 70mm、$\phi38_{-0.025}^{0}$mm × 28mm、$\phi35_{-0.039}^{0}$mm × 9.5mm，如图 1-3 所示。

图 1-3　粗、精车外圆

说明：外圆 $\phi39$mm × 70mm 是调头找正基准面。

工序 3：粗、精车内孔 $\phi30_{0}^{+0.021}$mm × 8mm、$\phi26_{0}^{+0.033}$mm × 23mm。

工序 4：垫铜皮调头装夹 $\phi38_{-0.025}^{0}$mm 外圆处用磁力百分表找正，手动平端面，控制总长 85mm±0.05mm，如图 1-4 所示。

图 1-4　调头找正

工序 5：粗、精车外圆 $\phi35_{-0.025}^{0}$mm × 33.5mm、$\phi26_{-0.053}^{-0.020}$mm × 28mm、$\phi29_{-0.033}^{0}$mm × 57mm，倒角 2.5mm × 45°、3.5mm × 45°。

工序 6：粗、精车外槽直径 $\phi16_{-0.043}^{-0.016}$mm × 22mm，$R3$mm。

工序 7：粗、精车外槽直径 $\phi 20_{-0.041}^{-0.020}$ mm×7mm、$\phi 23_{0}^{+0.033}$ mm×7mm。

七、磁力百分表找正步骤

由于三爪卡盘卡爪为硬爪，使用一段时间后爪面磨损程度不一，需要工件调头后进行打表找正工件，其步骤如下。

① 用磁力表分别拉两条互相成 $90°$ 的母线，找直线度，每条母线直线度不超过 0.01mm。

② 在卡盘附近绕表外圆 $\phi 39$mm，找圆度，圆度不超过 0.02mm。

绕表过程中，在表显示高点处的卡爪垫相应的垫片，然后继续拉母线、绕表，直至直线度和圆度合格。垫片厚度是估算出来的，经验公式为

$$K \approx 1.5e$$

式中　　e——偏心距，mm；

　　　　K——垫片厚度，mm。

例　用三爪自定心卡盘装夹工件，经绕表外圆，测得工件偏心距 $e=0.10$mm，试确定垫片厚度。

解　　　　　　　　$K \approx 1.5e=1.5×0.1=0.15$(mm)

说明：垫片最好用硬纸片垫在卡爪上，如果一个卡爪经加垫片后，圆度仍然超差，需在另一个高点卡爪加垫片，即两个卡爪同时加垫片进行调试，再重复步骤①、步骤②。

③ 复检，直至直线度、圆度都符合技术要求。

八、加工技术及编程技巧

① 工序 2 如图 1-5 所示，三个外圆直径的粗、精车用 G71、G70 指令编程，$\phi 39$mm×70mm 是找正基准圆。

② 工序 3 如图 1-6 所示，两个内孔的粗、精车用 G71、G70 指令编程（含倒角）。

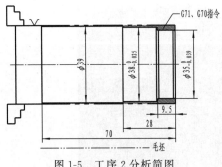
图 1-5　工序 2 分析简图

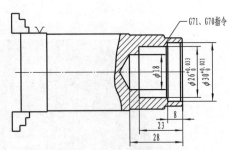
图 1-6　工序 3 分析简图

③ 工序 5 如图 1-7 所示，粗、精车用 G73、G70 指令编程，加工完毕给工序 6 和工序 7 留下切槽部分。

④ 工序 6 和工序 7 如图 1-8 所示，三个外槽 $\phi 16_{-0.043}^{-0.016}$ mm×22mm、$\phi 20_{-0.041}^{-0.020}$ mm×7mm、$\phi 23_{0}^{+0.033}$ mm×7mm 的粗、精车用 G71、G70 指令编程。

如果用外圆偏刀加工，由于工件存在直阶梯面，车刀副偏角干涉，因此外圆刀加工槽行不通。根据所给刀具表可采用切刀加工。如图 1-8 所示，槽 1 部分由直槽和内圆弧组合而

成，显然采用切槽循环程序完成不了内圆弧加工。槽2部分由两个直槽组成阶梯槽，可用切槽循环编程加工，但是工件由于左部装夹长度较短，伸出较长，易造成工件刚性差，而且加工时切槽径向力较大，因此槽2部分不采用切槽循环编程。为了减小工件所受径向力，根据槽1部分和槽2部分工件形状单调递增的特点，可采用G71、G70指令进行粗、精循环加工，这样工件受力时所受径向力较小，轴向力较大，满足加工定位要求，工件精度、质量都能保证，加工效率也高。

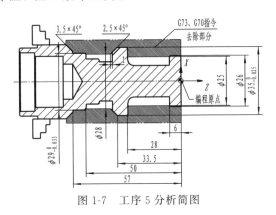

图1-7　工序5分析简图

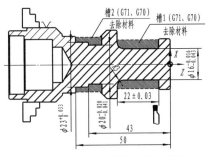

图1-8　工序6和工序7分析简图

采用用G71、G70指令编程时，要考虑好循环点的设置。切刀刀尖有两个，一般以左刀尖为基准刀尖，设置循环点时要考虑切刀刀宽。如本零件槽1部分（阶梯槽）加工程序见表1-2。

表1-2　槽1加工程序

程序内容	程序说明
O0100；	程序名
G40 G97 G99 S400 M03 F0.10；	主轴正转，程序初始化
T0303；	选3号切刀
M08；	切削液开
G00 X38. Z−9.；	刀具循环起点，切刀刀宽3mm
G71 U0.5 R0.5；	粗车循环，单边吃刀深度0.5mm，退刀量0.5mm
G71 P50 Q100 U0.3 W0.1；	粗车循环，X方向精车余量0.3mm，Z方向精车余量0.1mm
N50 G00 X28.；	刀具快进至ϕ28mm处
G01 X16.；	刀具直线进给至ϕ16mm处
Z−25.；	
G02 X22. W−3. R3.；	内圆弧加工R3mm
G01 X34.；	
X35. W−0.5；	倒角0.5mm×45°
N100 X38.；	
G00 X100.0 Z100.0；	快速返回换刀点
M05；	主轴停
⋯	⋯

九、程序编制与说明

刀具编号如表 1-3 所示，各工序的参考程序见表 1-4～表 1-8。

表 1-3　加工刀具

外轮廓车刀	T0101——93°外圆仿形刀（刀尖角 55°）
外轮廓车刀	T0202——93°外圆仿形刀（刀尖角 35°）
切槽刀	T0303——切槽刀
内孔车刀	T0404——内孔车刀

表 1-4　工序 2 参考程序

程序内容	程序说明
O0001;	程序名
G40 G97 G99 S400 M03 F0.20;	主轴正转，程序初始化，粗车进给量 0.2mm/r
T0101;	选 1 号 93°外圆仿形车刀
M08;	切削液开
G00 X40. Z2.;	刀具快速至粗车循环点
G71 U1.5 R0.5;	粗车循环，单边吃刀深度 1.5mm，退刀量 0.5mm
G71 P50 Q100 U0.6 W0.1;	粗车循环，X 方向精车余量 0.6mm，Z 方向精车余量 0.1mm
N50 G00 X34.;	刀具快进至 ϕ34mm 处
G01 Z0.;	刀具直线进给至端面
X35. Z−0.5;	倒角 0.5mm×45°
Z−9.5;	
X37.;	刀具进给至 ϕ37mm 处
X38. W−0.5;	倒角 0.5mm×45°
Z−28.;	
X39.;	刀具进给至 ϕ39mm 处
Z−70.;	
N100 X40.;	刀具进给至 ϕ40mm 处
G00 X100.0 Z100.0;	刀具快速返回换刀点
M05;	主轴停
M00;	程序暂停
T0202 S1200 M03 F0.10	选 2 号 93°外圆仿形精车刀，转速 1200r/min，精车进给量 0.10mm/r
G00 X40. Z2.;	刀具快速至精车循环点
G70 P50 Q100;	精车循环
G00 X100.0 Z100.0;	刀具快速返回安全点
M05;	主轴停转
M09;	切削液关
M30;	程序结束

表 1-5　工序 3 参考程序

程序内容	程序说明
O0002；	车孔程序名
G40 G97 G99 S500 M03 F0.15；	主轴正转,程序初始化,粗车进给量 0.15mm/r
T0404；	调用内孔车刀
M08；	切削液开
G00 X16. Z2.；	刀具快速至粗车循环点
G71 U1. R0.5；	粗车循环,单边吃刀深度 1mm,退刀量 0.5mm
G71 P50 Q100 U−0.6 W0.1；	内孔粗车循环,X 方向精车余量 0.6mm,Z 方向精车余量 0.1mm
N50 G00 X32.；	刀具快进至 ϕ32mm 处
G01 Z0.；	刀具直线进给至端面
X30. Z−0.5；	倒角 0.5mm×45°
Z−8.；	
X28.；	刀具进给至 ϕ28mm 处
X26. W−0.5；	倒角 0.5mm×45°
Z−23.；	
X18.；	刀具进给至 ϕ18mm 处
Z−28.；	
N100 X16.；	刀具进给至 ϕ40mm 处
G00 X100.0 Z100.0；	刀具快速返回换刀点
M05；	主轴停
M00；	程序暂停
T0404 S1500 M03 F0.10；	选 2 号 93°外圆仿形精车刀,转速 1500r/min,精车进给量 0.10mm/r
G00 X16. Z2.；	刀具快速至精车循环点
G70 P50 Q100；	精车循环
G00 X100.0 Z100.0；	刀具快速返回安全点
M05；	主轴停转
M09；	切削液关
M30；	程序结束

表 1-6　工序 5 参考程序

程序内容	程序说明
O0003；	程序名
G40 G97 G99 S500 M03 F0.25；	主轴正转,程序初始化,粗车进给量 0.25mm/r
T0202；	调用外圆车刀
M08；	
G00 X40. Z3.；	刀具快速至粗车循环点
G73 U7. R14.；	粗车循环,单边吃刀深度 0.5mm,粗车走刀 14 次
G73 P50 Q100 U0.6 W0.1；	外轮廓粗车循环,X 方向精车余量 0.6mm,Z 方向精车余量 0.1mm
N50 G00 X25.；	刀具快进至 ϕ25mm 处

程序内容	程序说明
G01 Z0. ;	刀具直线进给至端面
X26. Z−0.5;	倒角 0.5mm×45°
Z−28. ;	
X34. ;	刀具进给至 ϕ34mm 处
X35. W−0.5;	倒角 0.5mm×45°
Z−33.5. ;	
X28. W−3.5;	倒角 3.5mm×45°
Z−50. ;	
X29. W−0.5;	倒角 0.5mm×45°
Z−57. ;	
X31. ;	刀具进给至 ϕ31mm 处
X38. W−3.5;	倒角 3.5mm×45°
N100 X40. ;	刀具进给至 ϕ40mm 处
G00 X100.0 Z100.0;	刀具快速返回换刀点
M05;	主轴停
M00;	程序暂停
T0202 S1500 M03 F0.10;	选 2 号 93°外圆仿形精车刀,转速 1500r/min,精车进给量 0.10mm/r
G00 G42 X40. Z3. ;	刀具快速至精车循环点,右刀补
G70 P50 Q100;	精车循环
G00 G40 X100.0 Z100.0;	取消刀具圆弧半径补偿,刀具快速返回安全点
M05;	主轴停转
M09;	
M30;	程序结束

表 1-7　工序 6 参考程序

程序内容	程序说明
O0004;	程序名
G40 G97 G99 S400 M03 F0.10;	主轴正转,程序初始化
T0303;	选 3 号切刀,刀宽 3mm
M08;	
G00 X38. Z−9. ;	刀具循环起点,切刀刀宽 3mm
G71 U0.5 R0.5;	粗车循环,单边吃刀深度 0.5mm,退刀量 0.5mm
G71 P50 Q100 U0.3 W0.2;	粗车循环,X 方向精车余量 0.3mm,Z 方向精车余量 0.2mm
N50 G00 X28. ;	刀具快进至 ϕ28mm 处
G01 X16. ;	刀具直线进给至 ϕ16mm 处
Z−25. ;	
G02 X22. W−3. R3. ;	内圆弧加工 R3mm
G01 X34. ;	

程序内容	程序说明
X35. W−0.5;	
N100 X38.;	
G00 X100.0 Z100.0;	快速返回换刀点
M05;	主轴停
M00;	程序暂停
T0303 S1200 M03 F0.05;	精车转速 1200r/min,精车进给量 0.05mm/r
G00 X38. Z−9.;	刀具快速至精车循环点
G70 P50 Q100;	精车循环
G00 X100.0 Z100.0;	刀具快速返回安全点
M05;	主轴停转
M08;	
M30;	程序结束

表 1-8 工序 7 参考程序

程序内容	程序说明
O0005;	程序名
G40 G97 G99 S400 M03 F0.10;	主轴正转,程序初始化,粗车进给量 0.1mm/r
T0303;	选 3 号切刀,刀宽 3mm
M08;	切削液(冷却液)开
G00 Z−39.;	刀具循环起点
X38.;	
G71 U0.5 R0.5;	粗车循环,单边吃刀深度 0.5mm,退刀量 0.5mm
G71 P50 Q100 U0.3 W0.1;	粗车循环,X 方向精车余量 0.3mm,Z 方向精车余量 0.1mm
N50 G00 X30.;	刀具快进至 φ30mm 处
G01 X20.;	刀具直线进给至 φ20mm 处
Z−43.;	
G01 X22.;	刀具直线进给至 φ22mm 处
X23. W−0.5;	倒角 0.5mm×45°
Z−50.;	
X28.;	刀具直线进给至 φ28mm 处
X29. W−0.5;	倒角 0.5mm×45°
N100 X38.;	刀具直线进给至 φ38mm 处
G00 X100.0;	快速返回换刀点
Z100.0;	
M05;	主轴停
M00;	程序暂停
T0303 S1200 M03 F0.10;	精车转速 1200r/min,精车进给量 0.10mm/r

续表

程序内容	程序说明
G00 Z−46.；	刀具快速至精车循环点
X38.；	
G70 P50 Q100；	精车循环
G00 X100.0；	刀具快速返回安全点
Z100.0；	
M05；	主轴停转
M09；	切削液关闭
M30；	

十、编程及加工相关注意事项

① 用切刀编制切槽程序时，进给量、单边吃刀深度数值要小，可取 $F=0.05\sim0.1\text{mm/r}$；a_p 不能大，可取 0.5mm。

② 装夹切刀时，切刀一定要装夹正确，主切削刃一定要水平。

③ 切刀对刀时，左刀尖为对刀基准。

④ 加工时要浇注充分的切削液。

⑤ M00 为暂停指令，目的是为半精车做准备。

十一、引申

如果毛坯材料是钢类，那么加工槽时装夹定位就要发生变化。此时就要在工序 4 钻出中心孔，采用一夹一顶方式车削两部分槽。

本零件主要考查的是槽类的编程技巧和工件的调头找正技术，外槽的加工采用切槽刀具，运用了 G71、G70 的编程方法，而不是切槽循环指令，这一点有些特殊。程序编制中加入 M00 的目的见延伸阅读部分。

延伸阅读

磨耗功能在数控车床的应用

众所周知，数控加工的特点之一是能够保证较高的尺寸精度，而尺寸精度的保证是数控车削精加工的难点，因此许多职工（学生）对于数控车削精加工存在着迷茫，出现了精加工完毕后尺寸超差的问题，不明原因，而且在这一难点上几乎所有培训教材都没有说明，下面我就根据自己的加工经验，针对数车精加工进以详细的说明。

对于机械加工来讲，一般可分为粗加工、半精加工和精加工三个阶段，数车加工亦如此。在教学过程甚至数控大赛中，我发现有的学生一把刀使到底（粗加工与精加工用一把刀）。加工分为两个阶段，即粗加工和精加工，而缺少半精加工阶段，最后造成尺寸不合格。那么数控车的半精加工阶段是怎么回事呢？我们先分析一下普车加工的情况。

图 1 要加工 $\phi40_{-0.02}^{\ 0}$mm 的外圆，首先要粗车，精车余量 1mm，然后变转速试切一段

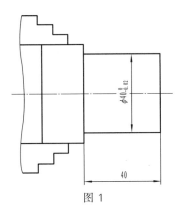

图 1

（5mm 左右），测量比较所测尺寸与实际尺寸差值，而后进刀精加工。虽然上述过程没有半精车阶段，但可以把试切认为是半精车，而且要注意试切、精加工两个过程是在相同的转速情况下进行的。那么对于数控车床是否也可以像普通车床一样引入试切作为半精加工呢？实践证明，数控车床与普通车床一样，同样可以试切，也就是说也要引入半精加工阶段，具体主要是利用 OFFSET 下的磨耗功能来实现的。

一、外圆精加工

如图 1 所示，程序可以简编为：

```
O0001;
T0101 S500 M03 F0.20;
G00 X50. Z2.;
G71 U2. R0.5;
G71 P10 Q20U0.8 W0.02;
N10…;
N20…;
M05;
M00;
…;
G70 P10 Q20;
…
```

当程序执行到 M00 暂停后（粗加工完毕），打开 OFFSET 磨耗画面，如图 2 所示，将光标停在相应精加工车刀刀号 X 下，如 W01 一行中 X 下，输入 0.6（数值自己定），切换到程序画面，光标停在 M00 后，循环启动自动加工。程序结束后，加工实际上还没有结束，本次执行的 G70 只是精加工之前的试切过程，即半精加工阶段。这时对相关直径尺寸进行测量，比较调整尺寸，精加工。调整方法如下：

① 用千分尺测量外径尺寸读数 φ40.68mm，比 φ40mm 多了 0.68mm（实际半精加工车下去 0.12mm 左右），光标在磨耗画面 W01 X 数值输入 -0.08，根据尺寸公差，在此基础上再加 -0.01，即调整完毕最后输入 -0.09。

② 用千分尺测量外径尺寸读数 φ40.68mm，光标在磨耗画面 W01 X 数值下，画面屏幕下方直接输入 -0.69（-0.68-0.01），点 +输入 键。

刀具补正/磨耗

番号	X轴	Z轴	R	T
W01	0.000	0.000	0.000	0
W02	0.000	0.000	0.000	3
W03	0.000	0.000	0.000	0
W04	0.000	0.000	0.000	0
…	…	…	…	…

图 2

③ 数值输入完毕，将光标置于 M00 后，按循环启动按钮，进行精加工。

二、内孔精加工

如图 3 所示，要精加工内孔 $\phi 30^{+0.02}_{0}$ mm，程序可以简编为：

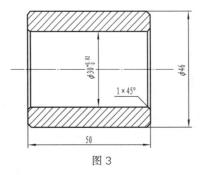

图 3

```
O0002;
T0101 S500 M03 F0.15;
G00 X20. Z2. ;
G71 U1. R0.5;
G71 P10 Q20 U-0.8 W0.02;
N10…;
N20…;
M05;
M00;
…;
G70 P10 Q20;
…
```

当程序执行到 M00 暂停后，打开 OFFSET 磨耗画面，将光标停在相应精加工车刀刀号如 W01 一行中 X 后，输入 -0.6（数值自己定），切换到程序画面，光标停在 M00 后，循环启动精加工。程序结束后对内孔尺寸进行测量，比较调整尺寸，调整方法如下：

① 用内径百分表测量得到的实际尺寸是 $\phi 29.52$mm，比所需尺寸 29.4mm（用千分尺对百分表尺寸）大了 0.12mm，光标在磨耗画面 W01 X 数值下输入 -0.12，根据尺寸公差，在此基础上再加 +0.01，即输入调整值 0.11（-0.12+0.01）。

② 用内径百分表测量外径 ϕ29.52mm，在磨耗画面下面直接输入 0.49（0.48＋0.01），点 ＋输入 键，效果同上。注意，这种方法内径百分表和千分尺所对的尺寸是 ϕ30mm。

③ 数值输入完毕，将光标置于 M00 后，按循环启动按钮，进行精加工。

如果说对于图样所有尺寸公差相同的可以用上述调整磨耗方法加工，那么对于不同的公差尺寸又如何保证呢？方法类似，只是有些区别。下面举例分析。如图 4 所示，加工其外轮廓部分，三个外圆直径为 $\phi50_{-0.03}^{0}$mm、$\phi24_{-0.05}^{-0.03}$mm、$\phi30_{+0.015}^{+0.046}$mm。

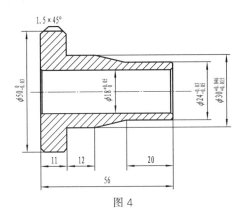

图 4

〔1〕 方法一

```
O0003;
G97 G99 G40 T0101 S600 M03 F0.20;
G00 X53. Z2. ;
G71 U1.5 R0.5;
G71 P100 Q200 U0.8 W0.02;
N100 G42 G00 X21.96;
G01 Z0. ;
X24. Z－1.0;
W－20. ;
X30. Z－33. ;
W－12. ;
X47. ;
X50. W－1.5;
W－11. ;
…
M05;
M00;
…;
G70 P100 Q200;
…;
```

分析：上述三个尺寸公差尺寸不同，采用磨耗补值半精加工时方法不变，如果在调整时以一个尺寸为测量基准，如 $\phi50_{-0.03}^{0}$mm，磨耗值调整后如果精加工，$\phi50_{-0.03}^{0}$mm 合格，但是另两个尺寸不合格。

解决方法：半精加工后，要分别量一下三个外圆尺寸，记下数值，以 $\phi50_{-0.03}^{0}$mm 为基准调整磨耗值，然后通过计算比较，在程序中修改另两个外圆尺寸值，再进行精加工。

(2) 方法二

```
O0003;
G97 G99 G40 T0101 S600 M03 F0. 20;
G00 X53. Z2. ;
G71 U1. 5 R0. 5;
G71 P100 Q200 U0. 8 W0. 02;
N100 G42 G00 X21. 96;
G01 Z0. ;
X23. 96   Z－1. 0;
W－20. ;
X30. 03   Z－33. ;
W－12. ;
X46. 985;
X49. 985   W－1. 5;
W－11. ;
...
```

方法二是在编程时将三个外圆尺寸直接编制出合格尺寸，然后利用磨耗功能控制尺寸精度。

通过以上分析不难看出，加入半精加工阶段能够保证尺寸精度。如果粗加工完毕，测量比较后，输入调整磨耗值直接就精车，尺寸误差必然存在。因为这时测量过程的前提是在粗车转速试切完毕情况下进行的，然后调整转速进行精车，造成试切与精车工序不统一、机床的工艺性能不统一，继而机床的不同转速表现出不同的刚性，因此不是同一工序条件，就会出现问题。测量步骤的前提是精车的转速，也就是说半精车与精车的转速是相同的，(特殊性)只有在相同的情况下才能调整尺寸，也就是工序的严格性。因此加入半精车通过理论分析、实践证明是非常正确的、合理的。

抛砖引玉，数控铣床尺寸精度的保证除了改变刀具圆弧半径补偿之外，也可以利用其磨耗功能实现，与原数控车加工一样，也是引入半精加工阶段，在这里不做赘述。总之，只要熟练掌握这种加工方法，不管是数控车床加工还是数控铣床加工，都能实现尺寸精度的保证。

典型实例二

高脚酒杯的加工

一、零件图纸（图 2-1、图 2-2）

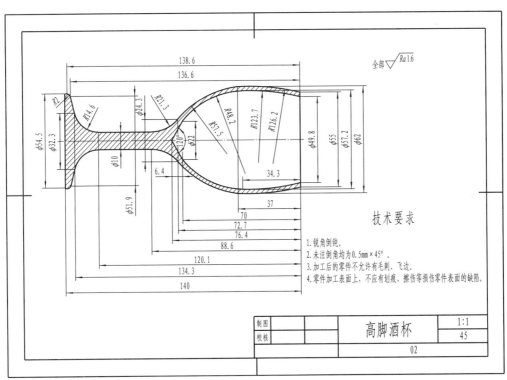

图 2-1　高脚酒杯

图 2-2　高脚酒杯三维图

二、图纸要求

① 毛坯尺寸：$\phi 65\text{mm} \times 200\text{mm}$；$\phi 25\text{mm} \times 80\text{mm}$。

② 零件材料：45 圆钢。

③ 加工时间：180min。

三、工量刃具清单

工量刃具清单见表 2-1。

表 2-1 工量刃具清单

序号	名称	规格/mm	数量	备注
1	游标卡尺	$0\sim150(0.02)$	1	
2	千分尺	$0\sim25$、$25\sim50(0.01)$	1	
3	外圆车刀	$93°$外圆仿形刀（刀尖角 $35°$）	1	刀尖圆弧 $R0.8\text{mm}$，机夹涂层刀片
4	外圆车刀	$93°$外圆仿形刀（刀尖角 $35°$）	1	刀尖圆弧 $R0.4\text{mm}$，机夹涂层刀片
5	内孔车刀	$\phi 16$ 盲孔	1	刀尖圆弧 $R0.4\text{mm}$，机夹涂层刀片
6	切断刀	刀宽 4	1	机夹涂层刀片
7	麻花钻	$\phi 22$	1	
8	中心钻	$\phi 2.5$	1	
9	附具	莫氏钻套、钻夹头	各 1	
10	其他	铜棒、铜皮、垫片、毛刷等常用工具		选用

四、图纸分析

高脚酒杯作为工艺品，要求加工美观，尺寸要求不是很严。该零件主要考查的难点是工艺安排和薄壁加工。零件尺寸全部是自由公差，表面粗糙度数值小，要求高。中间细杆直径为 $\phi 10\text{mm}$，杆直径小而长，刚性差，加工起来易弯曲变形，因此重点要考虑零件的刚性装夹保证。零件内轮廓由两个圆弧 $R123.7\text{mm}$、$R48.2\text{mm}$ 及圆锥 $120°$三段曲线过渡连接而成，孔深，难于加工。

五、设备要求

使用车床型号为 CAK6140；数控系统采用 FANUC 0i MATE-TD；采用四刀位四方刀架。

六、工艺路线制定与安排

1. 总体加工方案分析

根据毛坯 $\phi 65\text{mm} \times 200\text{mm}$，该工件可采用一次装夹加工完成。鉴于加工时工件头重脚轻的问题，先粗加工酒杯右端 $R126.2$mm、$R57.5$mm 的外轮廓，其次粗、精加工内轮廓，而后粗加工细杆及左端曲线，最后精加工出整个外轮廓，切断。

2. 工序安排

工序 1：夹毛坯，车端面，钻孔 $\phi22$mm×76.4mm。

工序 2：粗、精车右部外轮廓 $R126.2$mm、$R57.5$mm、$\phi55$mm、$\phi62$mm 所有尺寸。

工序 3：粗车内孔 $\phi49.8$mm、内弧 $R48.2$mm。

工序 4：粗、精车内弧 $R123.7$mm、$R48.2$mm。

工序 5：粗、精车左部 $R21.3$mm、$\phi10$mm、$R14.6$mm、$R2$mm、$\phi54.5$mm、$\phi32.3$mm、$\phi51.9$mm 所有尺寸。

工序 6：手动切断。

七、加工技术及编程技巧

① 工序 2 如图 2-3 所示，粗、精车 $R126.2$mm、$R57.5$mm 用 G73、G70 指令编程。

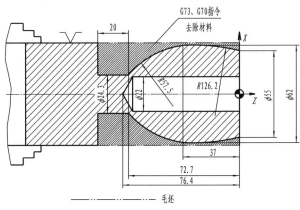

图 2-3　工序 2 分析简图

② 工序 3 如图 2-4 所示，粗车 $\phi49.8$mmm、$R48.2$mm 用 G71 指令编程。

工序 3 是为了去除多余的余量，利用软件采点，得出点 A（$\phi49.8$，-51.3），在孔 $\phi22$mm 的基础上加工 $R48.2$mm、$\phi49.8$mm×51.3mm。

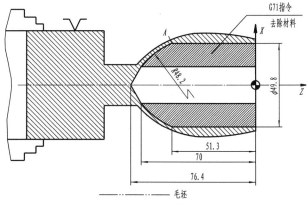

图 2-4　工序 3 分析简图

③ 工序 4 如图 2-5 所示，内弧 $R48.2$mm、$R123.7$mm 加工用分段圆弧指令编程。

由于内轮廓所构成的曲线不是单调递增或递减的，所以不能用 G71、G70 指令进行编程。可采取分段圆弧指令编程进行粗车，即采用软件自绘出相应的圆弧（单边吃刀深度可为 0.5mm 左右），如图 2-6 所示 1～6 点、1′～6′点，各点到右端面距离见图 2-7。粗车完毕，再一次精车内轮廓。

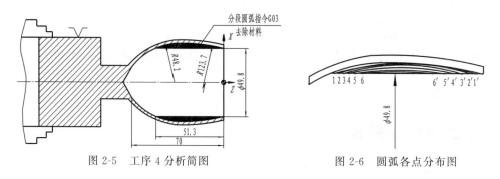

图 2-5　工序 4 分析简图　　　　　　　图 2-6　圆弧各点分布图

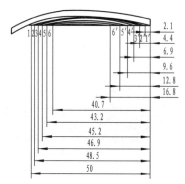

图 2-7　圆弧各点到右端面距离

11′圆弧半径 $R86.5$mm，22′圆弧半径 $R72.8$mm，33′圆弧半径 $R66.9$mm，44′圆弧半径 $R55$mm，55′圆弧半径 $R95.1$mm，66′圆弧半径 $R116.3$mm。

④ 工序 5 如图 2-8 所示，左部用 G73、G70 指令编程进行粗、精车。

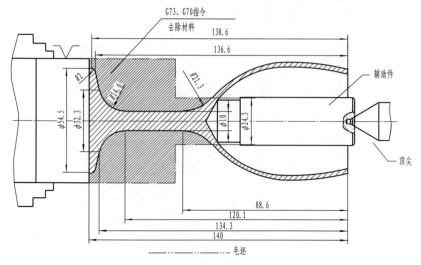

图 2-8　工序 5 分析简图

图 2-8 中的装夹方式采用一夹一顶。辅助件预先车好，前圆锥角 60°，与酒杯内孔 $\phi22$mm 圆锥锥度配合，见图 2-9，目的是增加工件装夹刚性，可以选取较大吃刀深度，提高加工效率。

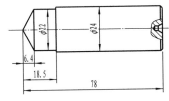

图 2-9 辅助件分析简图

八、程序编制与说明

刀具编号如表 2-2 所示，各工序的参考程序见表 2-3～表 2-6。

表 2-2 加工刀具编号

外轮廓粗车刀	T0101——93°外圆仿形刀（刀尖角 35°），$R0.8$mm
外轮廓精车刀	T0202——93°外圆仿形刀（刀尖角 35°），$R0.4$mm
切断刀	T0303——4mm 切断刀
内孔车刀	T0404——内孔车刀，$R0.4$mm

表 2-3 工序 2 参考程序

程序内容	程序说明
O0001；	程序名
G40 G97 G99 S500 M03 F0.20；	主轴正转，程序初始化，粗车进给量 0.20mm/r
T0101；	选 1 号外圆粗刀
M08；	切削液开
G00 X65. Z2.；	刀具快速至循环起点
G73 U20. R13.；	粗车循环，单边吃刀深度 1.5mm，粗车次数 13 次
G73 P50 Q100 U0.3 W0.1；	粗车循环，X 方向精车余量 0.3mm，Z 方向精车余量 0.1mm
N50 G00 X55.；	刀具快进至 $\phi55$mm 处
G01 Z0.；	刀具直线进给至右端面
G03 X62 Z−37. R126.2；	$R126.2$mm 圆弧加工
X24.3 Z−72.7 R57.5；	$R57.5$mm 圆弧加工
G01 W−20.；	
N100 X68.；	刀具直线进给至 $\phi68$mm 处
G00 X100.0 Z100.0；	快速返回换刀点
M05；	主轴停
M00；	程序暂停
T0202 S1200 M03 F0.10；	精车转速 1200r/min，精车进给量 0.10mm/r
G00 G42 X65. Z2.；	刀具快速至精车循环点，右刀补
G70 P50 Q100；	精车循环
G00 G40 X100.0 Z100.0；	刀具快速返回安全点，取消刀补
M05；	主轴停转
M09；	
M30；	程序结束

表 2-4 工序 3 参考程序

程序内容	程序说明
O0002；	程序名
G40 G97 G99 S400 M03 F0.15；	主轴正转，程序初始化，粗车进给量 0.15mm/r
T0404；	选 4 号内孔刀
M08；	
G00 X22. Z2.；	刀具快速至内孔加工循环起点
G71 U1. R0.5；	粗车循环，单边吃刀深度 1mm，退刀量 0.5mm
G71 P50 Q100 U−0.3 W0.1；	粗车循环，X 方向精车余量 0.3mm，Z 方向精车余量 0.1mm
N50 G00 X49.8；	刀具快进至 ϕ49.8mm 处
G01 Z0.；	刀具直线进给至右端面
Z−51.3；	
G03 X22. Z−70. R48.2；	R48.2mm 圆弧加工
N100 G01 X20.；	刀具直线进给至 ϕ20mm 处
G00 X100.0 Z100.0；	快速返回安全点
M05；	
M30；	

表 2-5 工序 4 参考程序

程序内容	程序说明
O0003；	程序名
G40 G97 G99 S500 M03 F0.20；	主轴正转，程序初始化，粗车进给量 0.20mm/r
T0404；	选 4 号内孔刀
M08；	切削液开
G00 X49.8. Z2.；	
G01 Z−2.1；	刀具快速至点 1′
G03 X49.8 Z−50. R86.5；	粗车 R86.5mm
G00 Z2.；	
G01 Z−4.4；	刀具快速至点 2′
G03 X49.8 Z−48.5 R72.8；	粗车 R72.8mm
G00 Z2.；	
G01 Z−6.9；	刀具快速至点 3′
G03 X49.8 Z−46.9 R66.9；	粗车 R66.9mm
G00 Z2.；	
G01 Z−9.6；	刀具快速至点 4′
G03 X49.8 Z−45.2 R55.；	粗车 R55mm
G00 Z2.；	
G01 Z−12.8；	刀具快速至点 5′
G03 X49.8 Z−43.2 R95.1；	
G00 Z2.；	

续表

程序内容	程序说明
G01 Z−16.8；	刀具快速至点 6′
G03 X49.8 Z−40.7 R116.3；	粗车 R116.3mm
G00 Z100.；	
M05；	
T0404 S1000 M03 F0.10；	主轴正转,转速 1000r/min,精车进给量 0.10mm/r
G00 G41 Z2.	刀具左补偿
G01 Z0.；	
G03 X123.7 Z−34.3 R123.7；	
X22. Z−70. R48.2；	
G00 X22.；	
G40 Z100.；	取消刀补
M05；	
M09；	
M30；	

表 2-6　工序 5 参考程序

程序内容	程序说明
O0004；	程序名
G40 G97 G99 S500 M03 F0.20；	主轴正转,程序初始化,粗车进给量 0.20mm/r
T0101；	选 1 号外圆粗刀
M08；	切削液开
G00 X65.；	刀具快速至循环起点
Z−72.7；	
G73 U27. R30.；	粗车循环,单边吃刀深度约为 1mm,粗车次数 30 次
G73 P50 Q100 U0.6 W0.1；	粗车循环,X 方向精车余量 0.6mm,Z 方向精车余量 0.1mm
N50 G00 X24.3；	
G02 X10. Z−88.6 R21.3；	R21.3mm 圆弧加工
G01 Z−120.1；	
G02 X32.3 Z−134.3 R14.6；	R14.6mm 圆弧加工
G01 X51.9 Z−136.6；	
G03 X54.5 Z−138.6 R2.；	R2mm 圆弧加工
G01 Z−140.；	
N100 X65.；	
G28 U0.；	车刀 X 轴回参考点
M05；	
M00；	
T0202 S1200 M03 F0.10；	换 2 号精车刀,精车转速 1200r/min,进给量 0.10mm/r
G00 G42 X65.；	刀具快速至精车循环点,右刀半径补偿

续表

程序内容	程序说明
Z－72.7；	
G70 P50 Q100；	精车循环
G00 G40 X100.0；	刀具快速返回安全点,取消刀补
M05；	
M09；	
M30；	

九、编程及加工相关注意事项

① 采用一夹一顶方式为的是增加工件装夹刚性,由于顶尖尾座的影响,粗车循环后换刀点 Z 方向最好不要设值,如上述工序 5 参考程序中 G28 U0.,这样保证刀具和尾座顶尖不发生干涉,避免危险。

② 图 2-6 和图 2-7 用的是近似分层采点法找出相关基点坐标,目的是去除多余的余量。

③ 注意粗车刀、精车刀的合理选用,避免一把刀具连粗带精使用到底。

④ 薄壁加工需要精车余量尽可能小,双边切削深度 0.3～0.5mm,转速 1000r/min,精车进给量 0.10mm/r。

十、引申

工件如果不采用顶尖类辅助夹具一夹一顶装夹,也可采用开口套类内弧夹具进行装夹,即先加工右部内外弧,再利用夹具加工左部细杆,读者可自行设计。

典型实例三

整球的加工

球类加工工件主要有两类比较典型，一类是通过工件中心的内球加工，另一类是完整圆球的加工。

一、通过工件中心的内球加工

1.图纸分析

案例图纸如图 3-1 所示，工件材料 45 钢，其他部分不需加工，只需加工内球。

通过工件中心的内球加工不同于其他情况，由于预钻孔受钻头尖部的影响，孔前端保留一段锥尖形状，如图 3-2 所示，在这种情况下怎么加工内球是个难点。

2.解决措施

总体思路：将锥尖孔加工成平孔，在此基础上完成内球的粗、精加工。

① 钻孔　首先选用 ϕ20mm 钻头进行钻孔，钻孔长度可采用 CAD 画图法求出。如图 3-3 所示，孔长可确定为 28mm（留些余量）。

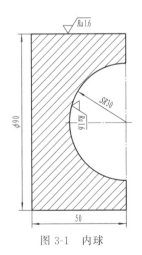

图 3-1　内球

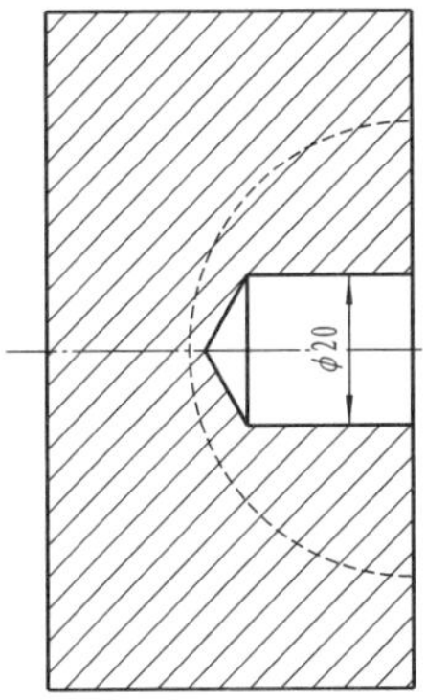

图 3-2　预钻孔示意图

图 3-3　钻孔长度示意图

② 加工平孔　锥尖孔加工成平孔有两种方法，一种是车削法，另一种是立铣刀扩孔附加车削法。车削法就是利用内孔车刀手动或者编程把锥尖孔车成平孔，加工时，采用类似内槽刀挖内槽的方法分几刀挖成 ϕ20mm；立铣刀扩孔加车削法就是利用 ϕ15mm 左右的立铣刀将锥尖孔扩成平孔，而后用内孔车刀对 ϕ15mm 的内孔进行车削加工成 ϕ20mm 的内平孔，

如图 3-4 所示。

③ 车孔　车孔分为粗、精车两阶段。如图 3-5 所示，可分几刀完成粗、精车，其加工路线是几条平行的圆弧。

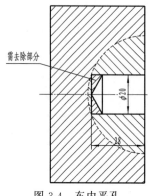

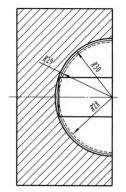

图 3-4　车内平孔　　　　图 3-5　内孔粗、精车示意图

3. 内球加工参考程序

粗、精车 $R56$mm 弧程序如表 3-1 所示，粗、精车内球程序如表 3-2 所示。

表 3-1　粗、精车 $R56$mm 弧程序

程序内容	程序说明
O0001；	程序名
G40 G97 G99 S400 M03 F0.15；	主轴正转,程序初始化,粗车进给量 0.15mm/r
T0101；	选 1 号内孔刀
M08；	
G00 X20. Z2.；	刀具循环起点
G71 U1.0 R0.5；	粗车循环,单边吃刀深度 1mm,退刀量 0.5mm
G71 P50 Q100 U−0.5 W0.1；	粗车循环,X 方向精车余量 0.5mm,Z 方向精车余量 0.1mm
N50 G00 X56.0；	
G01 Z0.；	
N100 G03 X0. Z−28.0 R28.0；	车圆弧
G00 X100.0 Z100.0；	
M05；	
T0101 S1000 M03 F0.1；	
G00 G41 X20. Z2.；	引入左刀补
G70 P10 Q20；	
G40 G00 X50.0 Z50.0；	取消左刀补
M05；	
M09；	
M30；	

表 3-2　粗、精车内球程序

程序内容	程序说明
O0002；	程序名
G40 G97 G99 S600 M03 F0.15；	主轴正转,程序初始化,粗车进给量 0.15mm/r
T0101；	选 1 号内孔刀
M08；	
G00 G41 X20. Z2.；	
G00 X57.0(X58.0/X59.0/X60.0)；	X 方向圆弧起点(每加工一次改变 X 值)
G01 Z0.；	
G03 X0. Z−28.5(−29.0/−29.5/−30.0)R28.5(29.0/29.5/30.0)；	车圆弧(每加工一次改变 Z 值和 R 值)
G00 G40 Z100.0；	
X100.0；	
M05；	
M09；	
M30；	

二、完整圆球的加工

1. 图纸分析

图纸如图 3-6 所示,该工件毛坯材料为 45 钢,ϕ45mm×80mm。

圆球的三维图见图 3-7。用数控车床在一次装夹中加工球类工件只能加工出来多半个球,如果想加工出完整球,需要单独设计夹具,保证多半个球的定位,这是个难点。

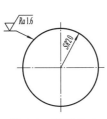

图 3-6　圆球尺寸

图 3-7　圆球三维图

2. 解决措施

总体思路:先加工多半个球,再切断,然后加工出开口夹具,与多半个球配合,定位夹紧,最后车削球尾。

① 多半球加工方案　如图 3-8 所示,先车削外圆 ϕ24mm,然后调头装夹外圆 ϕ24mm车削球 SR24mm,最后切断,保证长度 36.97mm。

② 设计夹具　球夹具毛坯尺寸为 ϕ50mm×32mm,如图 3-9 所示。先加工外径ϕ44mm,再调头加工外径 ϕ48mm 和内轮廓。辅助定位夹具毛坯尺寸为 ϕ50mm×26mm,如图 3-10 所示。

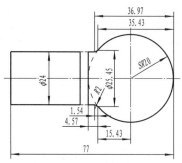

图 3-8　多半球加工图

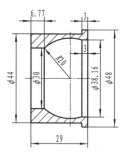

图 3-9　球夹具设计

③ 定位装夹多半个球，加工球尾　球夹具开口分两半，与多半个球配合，利用辅助定位夹具定位找正（尾座装上钻夹头，夹住辅助定位夹具外圆 $\phi 12mm$，尾座套筒前伸，顶住多半球，顶正后，撤回尾座），夹紧球夹具，车削球尾，如图 3-11 所示。

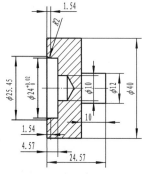

图 3-10　辅助定位夹具

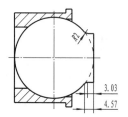

图 3-11　加工球尾图

3. 局部程序

本实例程序都不复杂，这里不一一列出，仅介绍图 3-9 所示球夹具的内部轮廓加工程序。为了编程简单，选用武汉华中数控系统 HNC21T 的数控车床对球夹具设计图内部轮廓进行编程和加工，程序如表 3-3 所示。

表 3-3　球夹具内部轮廓程序

程序内容	程序说明
O0003；	程序名
G40 G95 S400 M03 F0.15；	主轴正转，程序初始化，粗车进给量 0.15mm/r
T0101；	选 1 号内孔粗车刀
M08；	
G00 X20. Z2.0；	刀具循环起点
G71 U1.0 R0.5 P50 Q100 X−0.6 Z0.1；	粗车循环，单边吃刀深度 1mm，退刀量 0.5mm，精车余量 0.6mm
G00 X80.0 Z80.0；	粗切后，换刀位置点
M05；	
G95；	
T0202 S1000 M03 F0.10；	换 2 号精车刀（内孔），转速 1000r/min，进给量 0.10mm/r

续表

程序内容	程序说明
G00 G41 X20.0 Z2.0；	
N50 G00 X38.06；	精加工内轮廓开始点
G01 Z0.；	
G02 X30.0 Z－19.23 R20.0；	车圆弧
G01 Z－31.0；	
N100 X20.0；	精加工内轮廓结束点
G40 G00 X100.0；	
Z100.0；	
M05；	
M09；	
M30；	

4. 注意事项

① 在设计内球夹具的时候，内圆弧位置一定要过球心。

② 在编程时要注意华中数控系统机床编程的格式和发那科（FANUC）系统的区别，见表 3-3。

③ 图 3-10 辅助夹具尾部还可以设计出中心孔，用于多半球的定位。这种设计可以用顶尖轴向顶紧辅助定位夹具和多半球的配合，然后再撤离顶尖和辅助定位夹具。

④ 要注意加工内球夹具的内孔刀的选用，由于内弧位置是过球心的，有凸凹性，所以刀具的副偏角 κ_r' 要大，防止加工时与内圆弧发生干涉，如图 3-12 所示。

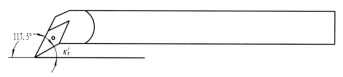

图 3-12　内孔刀

5. 加工方法拓展

本案例还可以不用做辅助夹具，直接用车削软卡爪的方法进行加工，即在软卡爪中车出一段内圆弧与外球圆弧配合，夹紧后再车削，读者不妨一试。

典型实例四

端面曲线类零件的加工

一、零件图纸（图 4-1～图 4-8）

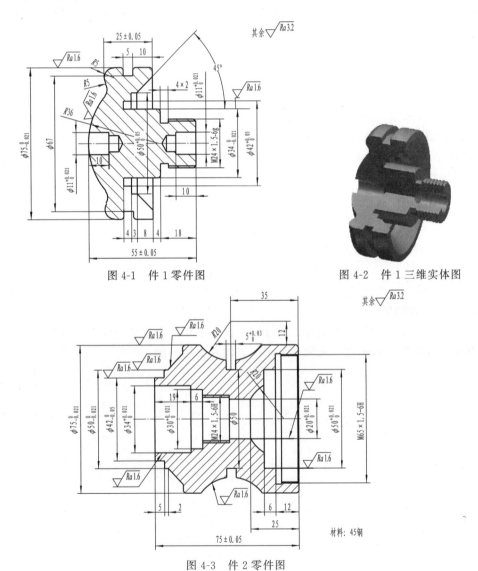

图 4-1　件 1 零件图

图 4-2　件 1 三维实体图

图 4-3　件 2 零件图

图 4-4　件 2 三维实体图

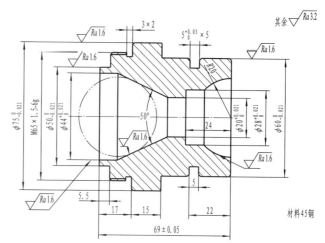

图 4-5　件 3 零件图

图 4-6　件 3 三维实体图

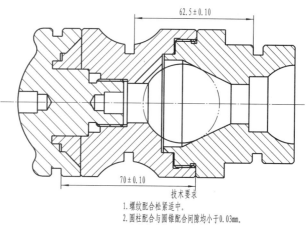

图 4-7　组合零件图

技术要求

1. 螺纹配合松紧适中。
2. 圆柱配合与圆锥配合间隙均小于0.03mm。
3. 件2与件3中放入ϕ40mm标准钢珠。

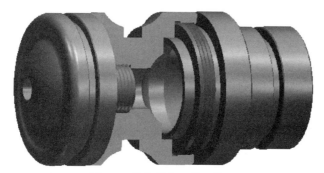

图 4-8　组合零件三维立体图

二、图纸要求

① 毛坯尺寸：ϕ80mm×57mm、ϕ80mm×77mm、ϕ80mm×73mm。

② 零件材料：45 圆钢。

③ 加工时间：420min（包含编程与程序手动输入）。

三、工量刃具清单

工量刃具清单见表 4-1。

表 4-1 工量刃具清单

序号	名称	规格/mm	数量	备注
1	游标卡尺	0～150(0.02)	1	
2	千分尺	0～25、25～50(0.01)	1	
3	百分表	0～10(0.01)	1	
4	磁性表座		1	
5	内径百分表	18～35、35～50(0.01)	各1	
6	内侧千分尺	5～30(0.005)	1	
7	带表内卡规	35～55(0.01)	1	
8	半径规	1～6.5、25～50	各1	
9	螺纹环规(通、止规)	M24×1.5-6g	各1	
10	标准球体	$\phi40$	1	
11	螺纹塞规	M65×1.5-6H	1	
12	外圆车刀	93°外圆仿形刀(刀尖角35°)	1	刀尖圆弧 R0.4mm,机夹涂层刀片
13	外圆车刀	93°外圆仿形刀(刀尖角55°)	1	刀尖圆弧 R0.4mm,机夹涂层刀片
14	外圆车刀	93°外圆仿形左偏刀(刀尖角35°)	1	刀尖圆弧 R0.4mm,机夹涂层刀片
15	内孔车刀	$\phi16$ 盲孔	1	刀尖圆弧 R0.4mm,机夹涂层刀片
16	切槽刀	刀宽3	1	机夹涂层刀片
17	内槽刀	刀宽3	1	机夹涂层刀片
18	端面槽刀	刀宽3	1	机夹涂层刀片
19	外三角螺纹刀		1	机夹涂层刀片
20	内三角螺纹刀	$\phi16$	1	机夹涂层刀片
21	机用铰刀	$\phi11$	1	
22	麻花钻	$\phi10.8、\phi18$	各1	
23	中心钻	$\phi2.5$	1	
24	附具	莫氏钻套、钻夹头	各1	
25	其他	铜棒、铜皮、垫片、毛刷等常用工具		选用

四、评分标准

评分标准见表 4-2。

表 4-2　评分标准

工件编号			总得分			
项目与配分	序号	技术要求	配分	评分标准	检测记录	得分
件1(28%)	1	$\phi75^{0}_{-0.021}$mm	2	超差0.01mm扣1分		
	2	$\phi34^{0}_{-0.021}$mm	2	超差0.01mm扣1分		
	3	$\phi50^{+0.05}_{0}$mm	2	超差0.02mm扣1分		
	4	$\phi42^{+0.05}_{0}$mm	2	超差0.02mm扣1分		
	5	$\phi11^{+0.021}_{0}$mm	2×2	超差0.01mm扣1分		
	6	M24×1.5-6g	2	超差全扣		
	7	25mm±0.05mm	2	超差0.02mm扣1分		
	8	$5^{+0.03}_{0}$mm	2	超差0.01mm扣1分		
	9	55mm±0.05mm	2	超差0.02mm扣1分		
	10	R36mm、R5mm 等圆弧	1×3	超差全扣		
	11	一般尺寸及倒角	2	每错一处扣0.5分,不倒扣		
	12	$Ra1.6\mu$m	2	每错一处扣0.5分,不倒扣		
	13	$Ra3.2\mu$m	1	每错一处扣0.5分,不倒扣		
件2(29%)	14	$\phi75^{0}_{-0.021}$mm	2	超差0.01mm扣1分		
	15	$\phi50^{0}_{-0.021}$mm	2	超差0.01mm扣1分		
	16	$\phi42^{0}_{-0.05}$mm	2	超差0.01mm扣1分		
	17	$\phi34^{+0.021}_{0}$mm	2	超差0.01mm扣1分		
	18	$\phi30^{+0.021}_{0}$mm	2	超差0.01mm扣1分		
	19	M24×1.5-6H	2	超差全扣		
	20	$\phi20^{+0.021}_{0}$mm	2	超差0.01mm扣1分		
	21	$\phi50^{+0.021}_{0}$mm	2	超差0.01mm扣1分		
	22	M65×1.5-6H	2	超差全扣		
	23	R20mm 等圆弧	1×2	超差全扣		
	24	75mm±0.05mm	2	超差0.02mm扣1分		
	25	$5^{+0.03}_{0}$mm	2	超差0.01mm扣1分		
	26	一般尺寸及倒角	2	每错一处扣0.5分,不倒扣		
	27	$Ra1.6\mu$m	2	每错一处扣0.5分,不倒扣		
	28	$Ra3.2\mu$m	1	每错一处扣0.5分,不倒扣		
件3(25%)	29	$\phi75^{0}_{-0.021}$mm	2	超差0.01mm扣1分		
	30	$\phi50^{0}_{-0.021}$mm	2	超差0.01mm扣1分		
	31	$\phi60^{0}_{-0.021}$mm	2	超差0.01mm扣1分		
	32	M65×1.5-6g	2	超差全扣		
	33	$\phi44^{+0.021}_{0}$mm	2	超差0.01mm扣1分		
	34	$\phi20^{+0.021}_{0}$mm	2	超差0.01mm扣1分		
	35	$\phi28^{+0.021}_{0}$mm	2	超差0.01mm扣1分		
	36	R20mm 和圆锥	1×2	超差全扣		

续表

工件编号			总得分				
项目与配分	序号	技术要求	配分	评分标准	检测记录	得分
件3(25%)	37	69mm±0.05mm	2	超差0.02mm扣1分		
	38	$5^{+0.03}_{0}$mm	2	超差0.01mm扣1分		
	39	一般尺寸及倒角	2	每错一处扣0.5分,不倒扣		
	40	$Ra1.6\mu m$	2	每错一处扣0.5分,不倒扣		
	41	$Ra3.2\mu m$	1	每错一处扣0.5分,不倒扣		
组合(18%)	42	组合62.5mm±0.10mm	3	超差0.02mm扣1分		
	43	组合70mm±0.10mm	3	超差0.02mm扣1分		
	44	球面配合	2×2	超差0.02mm扣1分		
	45	螺纹配合适中	2×2	超差全扣		
	46	接触面积	1×4	超差扣1分/处		
其他	47	工件按时完成	倒扣	每超时10min扣3分		
	48	工件无缺陷		缺陷倒扣3分/处		
	49	安全操作		停止操作或酌扣5~20分		

五、图纸分析

该组合件包含着三个零件加工,时间7h。

(1)从零件评分表看出,鉴定考核点多,包含着内、外轮廓加工,内、外三角螺纹配合加工,端面槽加工,锥配加工,比较综合,从分值来看,大部分为2分,这就要求操作者对每个零件考核点都要重视,不能仅仅以60分及格线为目标,因为组合还占18分,所以在加工这样的组合件时,一定要考虑装配分值,即要将每个零件的装配连接部分加工出来。

(2)该组合件加工时间为7h,时间紧,任务重,就需要操作者合理地安排加工时间,一般从以下几方面来提高效率。

① 辅助时间要减少。包括工件装夹找正、快速对刀、检测等要求操作者熟练快速。

② 编程要快速正确,能用循环加工指令编程的就用循环指令,在加工本道工序的同时,可采用后台编辑模式编出下一道工序的程序。

③ 程序调试可采用机床锁住加空运行的模式进行,快速准确调试程序。

(3)每个工件的名义尺寸公差较小,尺寸精度高,形位公差虽然没有标注,但由于装配的要求,实际加工按照有同轴、跳动的要求进行装夹找正。工件表面粗糙度要求也很高,加工时要注意看其配分值,不能仅仅看尺寸分值。试题在考虑工件加工方案时,一定先看装配图及其技术要求,再从给出的毛坯尺寸整体考虑加工流程。

六、设备要求

使用车床型号为CAK6140;数控系统采用FANUC 0i MATE-TD;采用四刀位四方刀架。

七、工艺路线制定与安排

1. 总体加工方案分析

方案一：先加工件 1 右端外螺纹、端面锥槽及 $\phi11^{+0.021}_{0}$ mm，卸件；加工件 2 右端内轮廓、内弧、内螺纹，卸件；加工件 3 所有表面，件 2、件 3 螺纹连接，加工件 2 左侧外轮廓、内轮廓、内螺纹、$R20$ mm 等，将件 1 与件 2 螺纹连接，加工件 1 左侧端面弧及其他部分。

方案二：加工件 2 左侧内、外轮廓及内螺纹（外圆 $\phi75^{0}_{-0.021}$ mm 不加工），卸件；加工件 1 右端外螺纹、端面锥槽及 $\phi11^{+0.021}_{0}$ mm，件 1、件 2 螺纹连接，加工件 2 右端外圆 $\phi75^{0}_{-0.021}$ mm、内轮廓及内螺纹，$R20$ mm 及弧槽不加工，卸件；以外圆 $\phi75^{0}_{-0.021}$ mm 为定位基准，定位找正，件 1、件 2 螺纹连接加工件 1 左侧端面弧轮廓及外槽，卸件；加工件 3 所有表面，件 2、件 3 螺纹连接加工件 2 的 $R20$ mm 及弧槽部分。

方案三：加工件 2 左侧内、外轮廓及内螺纹（外圆 $\phi75^{0}_{-0.021}$ mm 不加工），拆除工件；加工件 1 右端外螺纹、端面锥槽及 $\phi11^{+0.021}_{0}$ mm 外轮廓；旋合件 1，加工件 2 右端内外轮廓、内螺纹、$R20$ mm 及弧槽部分，拆除工件；加工件 3 所有表面，件 3、件 2、件 1 螺纹连接旋合，加工件 1 左侧端面弧轮廓、孔 $\phi11^{+0.021}_{0}$ mm 及外槽部分。

2. 加工步骤

（1）方案一

① 夹件 1 毛坯 $\phi80$ mm×35mm，手动车端面，钻孔 $\phi10.8$ mm。

② 铰孔 $\phi11^{+0.021}_{0}$ mm×10mm。

③ 粗、精车外圆 $\phi23.8$ mm×14mm、$\phi34^{0}_{-0.021}$ mm×18mm，倒角。

④ 车外圆槽 4mm×2mm。

⑤ 粗、精车外螺纹 M24×1.5-6g。

⑥ 粗、精车端面槽，保证 $\phi34^{0}_{-0.021}$ mm、$\phi50^{+0.05}_{0}$ mm、$\phi42^{+0.05}_{0}$ mm。

⑦ 粗、精车端面内锥（45°）。

⑧ 卸除件 1，夹件 2 毛坯 $\phi80$ mm×15mm，手动车端面，钻通孔 $\phi18$ mm。

⑨ 粗、精车内孔 $\phi50^{+0.021}_{0}$ mm、$R20$ mm、$\phi63.5$ mm。

⑩ 粗、精车内螺纹 M65×1.5-6H，卸件。

⑪ 夹件 3 毛坯 $\phi80$ mm×13mm，手动车端面，钻通孔 $\phi18$ mm。

⑫ 粗、精车外圆 $\phi60^{0}_{-0.021}$ mm×37mm、$\phi75^{0}_{-0.021}$ mm×52mm，倒角。

⑬ 外切槽 $5^{+0.03}_{0}$ mm×5mm。

⑭ 粗、精车内孔 $\phi20^{+0.021}_{0}$ mm、$\phi28^{+0.021}_{0}$ mm、内弧 $R20$ mm。

⑮ 调头垫铜皮外圆 $\phi60^{0}_{-0.21}$ mm 处，车端面控制总长 65mm±0.05mm。

⑯ 粗、精车外圆 $\phi50^{0}_{-0.021}$ mm、$\phi64.8$ mm。

⑰ 切槽 3mm×2mm。

⑱ 粗、精车外螺纹 M65×1.5-6g。

⑲ 粗、精车内孔 $\phi44^{+0.021}_{0}$ mm、内锥 50°。

⑳ 旋合件 2、件 3，车端面控制长度 75mm±0.05mm。

㉑ 粗、精车件 2 外圆 $\phi75^{0}_{-0.021}$ mm、外弧 $R20$ mm。

㉒ 加工外弧槽 $\phi50$ mm×$5^{+0.03}_{0}$ mm。

㉓ 粗、精车件2左部外圆 $\phi 42_{-0.05}^{0}$ mm、$\phi 50_{-0.021}^{0}$ mm、外锥部分，倒角。

㉔ 粗、精车件2左部内孔 $\phi 34_{0}^{+0.021}$ mm、$\phi 30_{0}^{+0.021}$ mm、$\phi 22.5$ mm。

㉕ 粗、精车内螺纹 M24×1.5-6H。

㉖ 旋合件1、件2，车端面控制长度 33mm±0.05mm，钻孔 $\phi 10.8$ mm。

㉗ 粗、精车件1左部外圆 $\phi 75_{-0.021}^{0}$ mm。

㉘ 加工外切槽 $\phi 67$ mm×$5_{0}^{+0.03}$ mm。

㉙ 粗、精车件1左部端面弧 R36mm、R5mm（2处）。

㉚ 铰孔 $\phi 11_{0}^{+0.021}$ mm×10mm。

（2）方案二

① 夹件2毛坯 $\phi 80$ mm×40mm，手动车端面，钻通孔 $\phi 18$ mm。

② 粗、精车左部外圆 $\phi 42_{-0.05}^{0}$ mm、$\phi 50_{-0.021}^{0}$ mm、外锥部分，倒角。

③ 粗、精车左部内孔 $\phi 34_{0}^{+0.021}$ mm、$\phi 30_{0}^{+0.021}$ mm、$\phi 22.5$ mm。

④ 粗、精车内螺纹 M24×1.5-6H。

⑤ 卸去件2，夹件1毛坯 $\phi 80$ mm×35mm，手动车端面，钻孔 $\phi 10.8$ mm。

⑥ 铰孔 $\phi 11_{0}^{+0.021}$ mm×10mm。

⑦ 粗、精车外圆 $\phi 23.8$ mm×14mm、$\phi 34_{-0.021}^{0}$ mm×18mm，倒角。

⑧ 车外圆槽 4mm×2mm。

⑨ 粗、精车外螺纹 M24×1.5-6g。

⑩ 粗、精车端面槽，保证 $\phi 34_{-0.021}^{0}$ mm、$\phi 50_{0}^{+0.05}$ mm、$\phi 42_{0}^{+0.05}$ mm。

⑪ 粗、精车端面内锥（45°）。

⑫ 件1、件2螺纹旋合连接，车端面控制件2总长 75mm±0.05mm。

⑬ 粗、精车外圆 $\phi 75_{-0.021}^{0}$ mm，倒角。

⑭ 粗、精车内孔 $\phi 50_{0}^{+0.021}$ mm、R20mm、$\phi 63.5$ mm。

⑮ 粗、精车内螺纹 M65×1.5-6H。

⑯ 卸件，垫铜皮于外圆 $\phi 75_{-0.021}^{0}$ mm 处，定位找正、夹紧。

⑰ 件1、件2螺纹旋合连接，车端面控制件1总长 33mm±0.05mm，钻孔 $\phi 10.8$ mm。

⑱ 粗、精车件1左部外圆 $\phi 75_{-0.021}^{0}$ mm。

⑲ 加工外切槽 $\phi 67$ mm×$5_{0}^{+0.03}$ mm。

⑳ 粗、精车件1左部端面弧 R36mm、R5mm（2处）。

㉑ 铰孔 $\phi 11_{0}^{+0.021}$ mm×10mm。

㉒ 卸件，夹件3毛坯 $\phi 80$ mm×13mm，手动车端面，钻通孔 $\phi 18$ mm。

㉓ 粗、精车外圆 $\phi 60_{-0.021}^{0}$ mm×37mm、$\phi 75_{-0.021}^{0}$ mm×52mm，倒角。

㉔ 外切槽 $5_{0}^{+0.03}$ mm×5mm。

㉕ 粗、精车内孔 $\phi 20_{0}^{+0.021}$ mm、$\phi 28_{0}^{+0.021}$ mm、内弧 R20mm。

㉖ 调头垫铜皮夹外圆 $\phi 60_{-0.021}^{0}$ mm 处，粗、精车外圆 $\phi 50_{-0.021}^{0}$ mm、$\phi 64.8$ mm。

㉗ 切槽 3mm×2mm。

㉘ 粗、精车外螺纹 M65×1.5-6g。

㉙ 粗、精车内孔 $\phi 44_{0}^{+0.021}$ mm、内锥 50°。

㉚ 旋合件3、件2，粗、精车件2外弧 R20mm。

㉛ 加工外弧槽 $\phi 50$ mm×$5_{0}^{+0.03}$ mm。

方案三略。

八、加工技术难点及编程技巧

端面曲线是一种特殊的加工曲线，目前在数控比赛试题中也经常遇到。传统的教材也没有说明其如何编程应用，那么端面曲线加工如何编制程序呢？

以图 4-9 所示的工件的加工（外圆直径 $\phi75$mm 已加工完毕）为例进行说明。

（1）方法一：利用刀具 Z 向补偿法分层次车削

通过制图软件抓取相应基点 A、B 坐标，如图 4-9 所示，编制出精加工程序段，加工时可改变刀具磨耗画面（图 4-10）相应刀具 Z 的磨耗值（从 13mm 缩小到 0），最后控制好尺寸精度值。

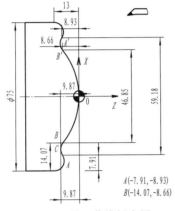

图 4-9　端面曲线抓点图

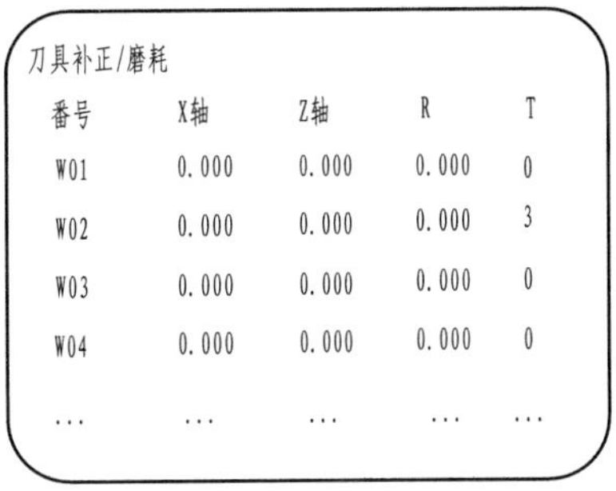

刀具补正/磨耗

番号	X轴	Z轴	R	T
W01	0.000	0.000	0.000	0
W02	0.000	0.000	0.000	3
W03	0.000	0.000	0.000	0
W04	0.000	0.000	0.000	0
…	…	…	…	…

图 4-10　数控车床刀具磨耗画面

端面曲线抓点程序见表 4-3。

表 4-3　端面曲线抓点程序

程序内容	程序说明
O0002;	
G40 G97 G99 S500 M03 F0.15;	主轴正转,程序初始化,粗车进给量 0.15mm/r
T0404;	调用 4 号左偏刀
M08;	切削液开
G00 X77. Z2.;	刀具快速定位
Z−13.;	
G01 X75.;	
G02 X59.18 Z−8.93 R5.;	刀具进给到 A 点坐标
G03 X46.85 Z−8.66 R5.;	刀具进给到 B 点坐标
G02 X0. Z0. R36.;	
G00 Z100.;	刀具快速退刀到安全点
X100.;	
M05;	
M09;	切削液关
M30;	

最后精加工时，切削用量要调整 $S=1500r/min$、$F=0.10mm/r$（参考值）即可。

（2）方法二：利用 G73 编程加工

在一般凸凹复杂曲线工件（球、椭圆等）加工中，用 G73 比较普遍。具体方法是将 G73 中 U(i) 去掉，U 参数和 W 参数互换，读者可从图形轨迹模拟显示，逆时针旋转 90°观察。即指令格式为

```
G73  W(k)  R(d);
G73  P(ns)  Q(nf)  W(Δw)  U(Δu)  F_S_T_;
```

在使用这种方法时的注意事项就是关于编程原点的设置问题，为了编程坐标的方便，将程序原点设置在外圆与端面交点处。另外就是对刀进刀问题，该工件可用 93°外圆左偏仿形车刀（刀尖角 35°）车削，对刀时也是外圆对刀，在长度补偿画面中输入 X 直径，然后点测量键。该工件端面曲线加工程序如表 4-4 所示。

表 4-4　G73 编制端面曲线程序

程序内容	程序说明
O0003；	
G40 G97 G99 S500 M03 F0.15；	主轴正转，程序初始化，粗车进给量 0.15mm/r
T0404；	调用 4 号左偏刀
M08；	切削液开
G00 X77. Z5.；	刀具快速定位
G73 W13. R7.；	毛坯粗车循环，Z 方向一次切深≈2mm。7 为 6.5 圆整
G73 P10 Q20 W0.5 U0.5；	精加工余量 Z 方向 0.5mm，X 方向 0.5mm
N10 G00 Z−13.；	
G01 X75.；	
G02 X59.18 Z−8.93 R5.；	刀具进给到 A 点坐标
G03 X46.85 Z−8.66 R5.；	刀具进给到 B 点坐标
G02 X0. Z0. R36.；	刀具进给到端面中心
N20 G00 X77.；	退刀
G00 Z100.	
M05；	
M00；	
T0404 S1500 M03 F0.10；	精加工
G00 X77. Z5.；	
G70 P10 Q20；	
G00 X100. Z100.；	
M05；	
M09；	
M30；	

其中 W 参数为 13mm（等同于图纸 Z 方向长度），吃刀次数 R 约为 7 次。

注意：此种方法不能加刀具圆弧半径补偿，否则出现其他问题。

　　方法一简单实用，但需要不断修改 Z 的磨耗值。方法二显然利用循环加工指令，但是需要熟练使用其格式，参数不要写错，计算要正确，坐标点要准确，圆弧方向不要搞反。所以，方法二在熟悉以后应该简单些，值得一用。

九、局部参考程序编制与说明

（1）刀具编号如表 4-5 所示（为了编程说明需要）

表 4-5　刀具编号

外轮廓粗车刀	T0101——93°外圆仿形刀（刀尖角 55°），$R0.4$mm
外轮廓精车刀	T0202——93°外圆仿形刀（刀尖角 35°），$R0.4$mm
端面曲线车刀	T0404——93°外圆仿形左偏刀（刀尖角 35°）
切断刀	T0303——4mm 切断刀
端面槽刀	T0505——3mm 端面槽刀
内孔车刀	T0606——内孔车刀
钻孔	T0707——钻头 $\phi 10.8$mm
外三角螺纹车刀	T0808——$P=1.5$mm
内三角螺纹车刀	T0909——$P=1.5$mm

（2）方案一局部参考程序

① 粗、精车端面槽程序见表 4-6、表 4-7，编程原点见图 4-11，对刀点见图 4-12。

表 4-6　端面槽程序 1

程序内容	程序说明
O0004;	
G40 G97 G99 S500 M03 F0.05;	主轴正转，程序初始化，粗车进给量 0.05mm/r
T0505;	调用 5 号端面槽刀
M08;	
G00 X35.8;	刀具快速定位至端面槽加工循环点，对刀点为 A
Z2.;	
G74 R1.0;	切端面槽循环，Z 方向退刀量 1mm
G74 X34.5 Z−15. P300 Q500;	端面槽循环，X 方向移动量单边 0.3mm，Z 方向每次切深 0.5mm
G00 Z100.0;	
M05;	
M09;	
M30;	

表 4-7　端面槽程序 2

程序内容	程序说明
O0005;	
G40 G97 G99 S500 M03 F0.15;	主轴正转，程序初始化，粗车进给量 0.15mm/r
T0505;	调用 5 号端面槽刀，刀宽 3mm

程序内容	程序说明
M08；	切削液开
G00 X43.7；	刀具快速定位至端面槽加工循环点,对刀点为 B
Z2.；	
G74 R1.；	切端面槽循环,Z 方向退刀量 1mm
G74 X42.3 Z-11.P300 Q500；	端面槽循环,X 方向移动量单边 0.3mm,Z 方向每次切深 0.5mm
G00 Z100.；	
M05；	
M09；	
M30；	

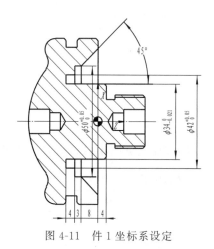

图 4-11 件 1 坐标系设定

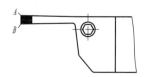

图 4-12 端面槽刀对刀点

粗车完毕,测量槽径与尺寸 $\phi42^{+0.05}_{0}$ mm、$\phi34^{0}_{-0.021}$ mm 进行比较,然后修改表 4-6 中程序段 G00 X35.8 Z2.；循环点 X35.8 的值和程序段 G74 X34.5 Z-15.P300 Q500；中的 X34.5 的值,最后修改转速、进给量进行精车；也可在进行比较值之后,先后两次调整磨损画面中刀号所对应的磨损值（加减交替修改）,再进行精车。

粗车完毕,根据以上第一次车端面槽调整比较差值,修改表 4-7 中程序段 G00 X43.7 Z2.；循环点 X43.7 的值和程序段 G74 X42.3 Z-11.P300 Q500；中的 X42.3 的值,最后修改转速、进给量进行精车。

② 车锥槽程序。编程原点如图 4-11 所示。

编程技巧：锥槽形状是单调递减,可以采用 G71、G70 编程,见表 4-8。

表 4-8 锥槽程序

程序内容	程序说明
O0006；	程序名
G40 G97 G99 S400 M03 F0.15；	主轴正转,程序初始化,粗车进给量 0.15mm/r
T0505；	选 5 号端面槽刀,对刀点为 B
M08；	

续表

程序内容	程序说明
G00 X50.;	刀具快速至锥槽循环起点
Z2.;	
G71 U1. R0.5;	粗车循环,单边吃刀深度1mm,退刀量0.5mm
G71 P50 Q100 U−0.3 W0.1;	粗车循环,X方向精车余量0.3mm,Z方向精车余量0.1mm
N50 G00 X66.;	刀具快进至ϕ66mm处
G01 Z0.;	
X50. Z−8.;	车锥面
N100 G01 X47.;	刀具直线进给至ϕ47mm处
G00 X100.0 Z100.0;	快速返回安全点
M05;	
T0505 S1000 M03 F0.10;	精车
G00 G41 X50.;	左刀补
Z2.;	
G70 P50 Q100;	精车循环
G00 G40 X100.0 Z100.0;	
M05;	
M30;	

③ 如果机床是斜床身导轨机床(后置刀架),方案一步骤钻孔ϕ10.8mm程序(编程原点如图4-11所示)见表4-9。

表4-9 钻孔程序

程序内容	程序说明
O0007;	程序名
G40 G97 G99 G21;	
T0707 S400 M04;	换7号刀具,ϕ10.8mm钻头
M08;	
G00 X0. Z5.;	刀具快速至锥槽循环起点
G74 R5.;	钻孔循环,退刀量5mm
G74 Z−10. Q5000 F0.2;	钻孔深度10mm,每次钻深5mm,$F=0.2$mm/r
G00 X100.0 Z100.0;	
M05;	
M09;	
M30;	

铰孔程序可仿照钻孔程序编写,程序略。

④ 粗、精车外螺纹M24×1.5-6g程序(编程原点为件1右端中心)。

方法一:外三角螺纹螺距是1.5mm,螺距较小,可采用直进法(一般螺距$P \leqslant 2$mm)进行车削,因此可用G92指令进行编程,见表4-10。

车螺纹前先将螺纹部分外圆车到 $\phi23.8$mm，即比螺纹公称直径小 0.2mm 左右。

编程前要计算外螺纹小径，螺纹小径 $d \approx 24 - 1.3 \times 1.5 = 22$(mm)。

表 4-10　车外螺纹 M24×1.5-6g 程序

程序内容	程序说明
O0008;	程序名
G40 G97 G99 G21;	程序初始化
T0808 S800 M03;	换 8 号外三角螺纹刀具，主轴转速 800r/min
M08;	切削液开
G00 X30. Z5.;	刀具快速至外螺纹循环起点(30.0,5.0)
G92 X23. Z−16. F1.5;	外三角螺纹循环，第一刀终点坐标(23.0,−16.0)
X22.4;	车螺纹第二刀
X22.2;	车螺纹第三刀
X22.1;	车螺纹第四刀
X22.;	车螺纹第五刀，车到螺纹小径
X22.;	重复第五刀
G00 X100.0 Z100.0;	螺纹刀回安全点
M05;	主轴停
M09;	切削液关
M30;	程序结束

方法二：用斜进法 G76 指令格式，程序如表 4-11 所示。

表 4-11　斜进法 G76 指令程序

程序内容	程序说明
O0009;	程序名
G40 G97 G99 S800 M03;	主轴正转，转速 800r/min
T0808;	外螺纹刀 8 号刀
G00 X30.0 Z5.0;	螺纹加工循环起点
G76 P020160 Q100 R0.05;	螺纹车削复合循环，精车重复次数 2 次，螺纹尾部倒角量 0.1× 1.5≈0.15(mm)，刀尖角 60°，切削时的最小背吃刀量 0.10mm，精车余量 0.10mm
G76 X22. Z−16.0 P975 Q100 F1.5;	螺纹车削复合循环，螺纹牙深 0.975mm，第一次车削深度 0.10mm，导程 1.5mm
G00 X100.0 Z100.0;	回换刀点
M05;	主轴停
M30;	程序结束

⑤ 粗、精车内螺纹 M65×1.5-6H 程序（编程原点设在件 2 右端面中心）。

方法一：内三角螺纹螺距是 1.5mm，螺距较小，可采用直进法（一般螺距 $P \leqslant 2$mm）进行车削，因此可用 G92 指令进行编程，见表 4-12。

编程前要计算外螺纹小径，螺纹小径 $d \approx 65 - P = 65 - 1.5 = 63.5$(mm)，即车螺纹前先将螺纹部分内孔车到 $\phi63.5$mm。

表 4-12　车内螺纹 M65×1.5-6H 程序

程序内容	程序说明
O0010；	程序名
G40 G97 G99 G21；	程序初始化
T0909 S800 M03；	换 9 号内三角螺纹刀具，主轴转速 800r/min
M08；	切削液开
G00 X60. Z5.；	刀具快速至外螺纹循环起点(60.0,5.0)
G92 X63.8 Z—11. F1.5；	内三角螺纹循环，第一刀终点坐标(63.8,—11.0)
X64.0；	车螺纹第二刀
X64.2；	车螺纹第三刀
X64.6；	车螺纹第四刀
X64.8；	车螺纹第五刀
X65.0；	车螺纹第六刀，车到螺纹大径
X65.0；	重复第六刀
G00 X100.0 Z100.0；	螺纹刀回安全点
M05；	主轴停
M09；	切削液关
M30；	程序结束

方法二：用斜进法 G76 指令格式，程序如表 4-13 所示。

表 4-13　斜进法 G76 指令程序

程序内容	程序说明
O0011；	程序名
G40 G97 G99 S800 M03；	主轴正转，转速 800r/min
T0909；	内螺纹刀 9 号刀
G00 X60.0 Z5.0；	内螺纹加工循环起点
G76 P020160 Q100 R0.05；	螺纹车削复合循环，精车重复次数 2 次，螺纹尾部倒角量 0.1×1.5≈0.15(mm)，刀尖角 60°，切削时的最小背吃刀量 0.10mm，精车余量 0.10mm(双边)
G76 X65. Z—11.0 P975 Q100 F1.5；	螺纹车削复合循环，螺纹牙深 0.975mm，第一次车削深度 0.10mm，导程 1.5mm
G00 X100.0 Z100.0；	回换刀点
M05；	主轴停
M30；	程序结束

十、编程及加工相关注意事项

① 加工端面槽类工件的对刀要考虑到以哪个刀尖为准，同时也要考虑到刀头宽度，这一点在对刀和编程时要注意。

② 车锥槽时，把端面槽刀看成是内孔刀，车削刀尖是 B，如图 4-12 所示。

③ 加工端面槽时，由于槽较深，不能一次就车够尺寸，因此槽深度要分几次加工，可采用分层拓宽车削，相应的 Z 方向编程尺寸要修改，这样才能保证不夹刀，保证刀具正常使用。

④ 本例圆锥尺寸计算如图 4-13 所示。

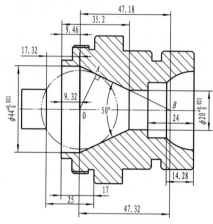

图 4-13　圆锥尺寸计算辅助图

方法：在图纸中反向延长圆锥线，切点与主轴相交于一点，连接圆心与切点构成直角三角形 OAB，求出 $OB=20/\sin25°=47.32(\mathrm{mm})$，然后以此距离在 CAD 软件中依次画出圆锥线、内切圆、$\phi44\mathrm{mm}$、$\phi20\mathrm{mm}$ 等要素，画出图后，软件抓点，得出距离 9.46mm、35.2mm。

典型实例五

薄壁槽综合类零件的加工

一、零件图纸（图 5-1～图 5-8）

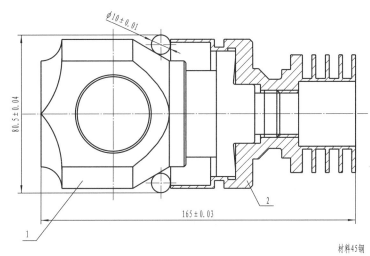

技术要求
1. 装配体可拆卸。
2. 零件表面涂油防锈。
3. 零件表面无划伤。

材料45钢

图 5-1　组合零件装配图

图 5-2　装配三维实体图

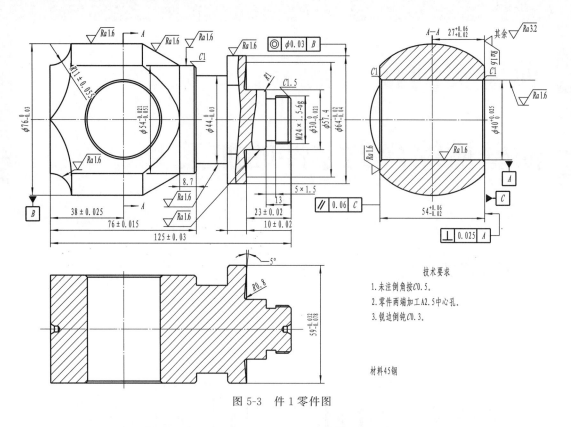

图 5-3 件 1 零件图

技术要求

1. 未注倒角按 $C0.5$。
2. 零件两端加工 $A2.5$ 中心孔。
3. 锐边倒钝 $C0.3$。

材料45钢

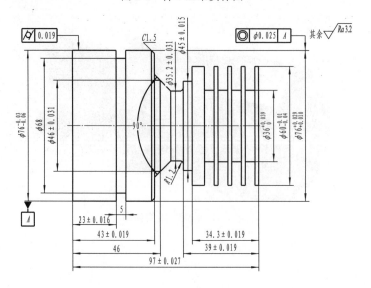

图 5-4 件 1 三维实体图

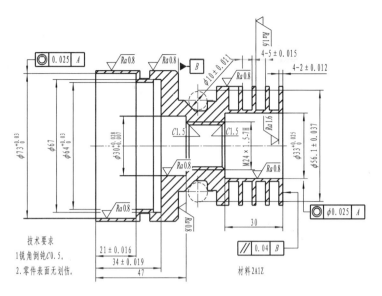

图 5-5　件 2 零件图

图 5-6　件 2 三维实体图

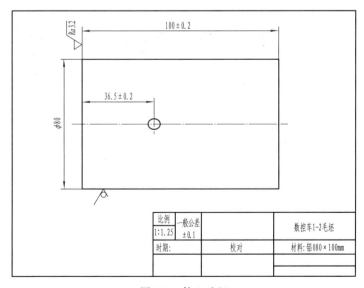

图 5-7　件 2 毛坯

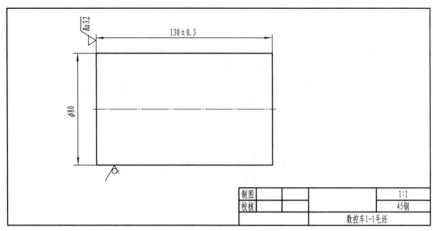

图 5-8　件 1 毛坯

二、图纸要求

① 毛坯尺寸：$\phi 80 \text{mm} \times 130 \text{mm}$、$\phi 80 \text{mm} \times 100 \text{mm}$。

② 零件材料：45 圆钢、2A12。

③ 加工时间：300min。

三、设备要求

使用车床型号为 CAK6140；数控系统采用 FANUC 0i MATE-TD；采用平床身四刀位四方刀架。

四、工量刃具清单

工量刃具清单见表 5-1、表 5-2。

表 5-1　工量刃具清单 1　　　　　加工材质：45 钢

序号	刀具	型号	单位	数量	备注
1	93°外圆车刀	MDJNR2525M11	把	2	
2	刀片	DNMG110408F CA1011	片	1	
3	刀片	DNMG110404F CA1011	片	1	
4	93°外圆车刀	MVJNL2525M16	把	1	
5	93°外圆车刀	MVJNR2525M16	把	1	
6	刀片	VNMG160404F CA1011	片	1	
7	刀片	VNMG160408M CA1011	片	1	
8	95°内孔车刀	S16Q-SCLCR09	把	1	
9	95°内孔车刀	S20R-SCLCR09	把	1	
10	刀片	CCMT09T304F CA1011	片	1	
11	刀片	CCMT09T308F CA1011	片	1	

序号	刀具	型号	单位	数量	备注
12	107.5°内孔车刀	S16Q-SDQCR07	把	1	
13	刀片	DCMT070204M CA1011	片	1	
14	直头长切槽刀	QLCR2525M300-20	把	1	
15	刀片	QCL210S300 NC3030	片	1	
16	内切槽刀	GRI. R S20M TC16	把	1	
17	刀片	TC16T3R265 CP303 TIALN	片	1	
18	外螺纹车刀	SER2525M16	把	1	
19	刀片	16ER AG60 ZM20A	片	1	
20	内螺纹车刀	SNR0016M16	把	1	
21	刀片	16NR AG60 ZM20A	片	1	
22	钻头	ϕ20mm	把	1	
23	中心钻	ϕ2.5mm	把	1	
24	附具	莫氏钻套、钻夹头	套	各1	
25	其他	反爪、鸡心夹头、铜棒、垫片、毛刷等常用工具		若干	
26	铜皮	1mm		若干	
27		0.5mm			
28	刮刀		把	1	

表 5-2　工量刃具清单 2

序号	量具	规格	单位	数量	备注
1	带表卡尺(0.02mm)	0～150mm	把	1	
2		0～25mm	把	1	
3	千分尺	25～50mm	把	1	
4		50～75mm	把	1	
5		75～100mm	把	1	
6	叶片千分尺	0～25mm	把	1	
7	万能角度尺	0°～320°	把	1	
8	深度千分尺	0～150mm	把	1	
9	内侧千分尺	5～30mm	把	1	
10		25～50mm	把	1	
11		18～35mm	把	1	
12	内径百分表	35～50mm	把	1	
13		50～100mm	把	1	
14	百分表	0～10mm	把	1	
15	杠杆表	0～1.5mm	把	1	
16	螺纹塞规	24×1.5-6g	把	1	

序号	量具	规格	单位	数量	备注
17	螺纹环规	M24×1.5-7H	把	1	
18	磁力表座	杠杆式	把	1	

五、图纸分析

该件主要的难点是工艺安排和薄壁加工。零件尺寸精度高，表面粗糙度数值小，有同轴度、垂直度、平行度要求。装配图中用 $\phi10$mm 的圆棒检验圆锥，保证圆棒与件 1 圆锥面、件 2 左端面同时相切。

件 1 中，基准 A 为孔 $\phi40^{+0.025}_{0}$mm 的轴线，基准 B 为外圆 $\phi76^{0}_{-0.03}$mm 的轴线，基准 C 为 A—A 剖面图右端面。外圆 $\phi76^{0}_{-0.03}$mm 轴线、$\phi64^{-0.02}_{-0.04}$mm 轴线有 $\boxed{◎\ \phi0.03\ B}$ 要求，结合技术要求 2 零件两端加工 A2.5 中心孔，说明是以中心孔为定位基准，那么装夹保证同轴度一般以双顶装夹方式。$\boxed{//\ 0.06\ C}$ 的保证应以反爪作为定位元件保证，这牵扯到先加工哪个平面的问题，一般要优先加工基准面。从图 5-3 中看出，零件两个平面不对称，基准面为 C，应先加工 A—A 剖面图右端面，再以端面为基准加工另一个平面，这样也保证了 $\boxed{⊥\ 0.025\ A}$ 要求。

件 2 中，基准 A 为外槽左部外圆 $\phi76^{-0.03}_{-0.06}$mm 的轴线，被测要素外槽右部外圆 $\phi76^{+0.029}_{+0.010}$mm、内孔 $\phi33^{+0.025}_{0}$mm 与内孔 $\phi73^{+0.03}_{0}$mm 的轴线与其有 $\boxed{◎\ \phi0.025\ A}$ 要求，右端面相对于左部台阶面基准 B 有 $\boxed{//\ 0.04\ B}$ 要求，外圆 $\phi73^{+0.03}_{0}$mm 表面有 $\boxed{⊘\ 0.019}$ 要求，因此工件 2 需要和件 1 螺纹配作来保证以上形位公差要求。

六、工艺路线制定与安排

（1）总体方案

先加工件 2 部分尺寸，卸件，再加工件 1，件 2 与件 1 螺纹配合，最后加工件 2 其他部分。

（2）加工工序

工序 1：夹件 2 毛坯（$\phi80$mm×30mm），手动车端面，钻孔 $\phi20$mm。

工序 2：粗车外圆 $\phi61$mm×54mm。

工序 3：粗、精车内孔 $\phi29$mm、$\phi23.8$mm。

工序 4：粗、精车内螺纹 M24×1.5-7H。

工序 5：卸件，调头夹 $\phi61$mm 外圆处，车端面，控制总长 97mm±0.027mm，钻孔 $\phi20$mm。

工序 6：粗、精车内孔 $\phi30^{+0.028}_{+0.007}$mm、$\phi64^{+0.03}_{0}$mm×34mm、$\phi73^{+0.03}_{0}$mm×21mm。

工序 7：车内沟槽 $\phi67$mm。

工序 8：车外槽 $\phi68$mm。

工序 9：件 2 卸下，夹件 1 毛坯（$\phi80$mm×15mm），手动车端面，钻中心孔。

工序 10：粗、精车外圆 $\phi78$mm×105mm。

工序 11：卸件，调头装夹外圆 $\phi78$mm×45mm，百分表找正，平端面，控制总长 125mm±0.03mm，钻中心孔。

工序 12：粗、精车 $\phi76^{0}_{-0.03}$mm、R11mm、外锥、$\phi54^{-0.021}_{-0.051}$mm。

工序 13：调头垫铜皮于装夹 $\phi76^{0}_{-0.03}$mm 处，百分表找正，粗、精车外圆 $\phi64^{-0.02}_{-0.04}$mm、$\phi30^{0}_{-0.021}$mm、$\phi23.8$mm，倒角 C1.5、R1mm。

工序 14：切外槽 $\phi21$mm。

工序 15：粗、精车外螺纹 M24×1.5-7H。

工序 16：粗、精车 5°锥面。

工序 17：切外槽 $\phi44_{-0.03}^{0}$ mm。

工序 18：件 2、件 1 螺纹配合涂油拧紧，粗、精车外圆 $\phi76_{+0.010}^{+0.029}$ mm、$\phi60_{-0.04}^{-0.01}$ mm，倒角 $C1.5$。

工序 19：切排槽（4-5±0.015）mm。

工序 20：粗、精车外槽 $\phi35.2$mm±0.031mm、90°圆锥、外圆 $\phi46$mm±0.031mm。

工序 21：粗、精车 $\phi45$mm±0.015mm、$R1.2$mm。

工序 22：粗、精车左外槽外圆 $\phi76_{-0.06}^{-0.03}$ mm。

工序 23：粗、精车内孔 $\phi33_{0}^{+0.025}$ mm。

工序 24：件 1、件 2 旋合出，卸件，重新装夹件 1，百分表找正，粗、精车 $A—A$ 剖面中的右端面，保证尺寸 $59_{-0.078}^{-0.032}$ mm，如图 5-9 所示。

图 5-9　工序 24 图

工序 25：卸件，卡盘装入反爪，将件 1 车过的右端面紧贴卡爪表面定位，粗、精车 $A—A$ 剖面中的左端面，保证尺寸 $54_{+0.02}^{+0.06}$ mm，如图 5-10 所示。

工序 26：钻孔 $\phi20$mm。

工序 27：粗、精车内孔 $\phi40_{0}^{+0.025}$ mm，如图 5-11 所示。

图 5-10　工序 25 图

图 5-11　工序 27 图

七、加工技术难点及编程技巧

1. 工序 24 装夹难点分析

图 5-12 所示为装夹分析图，从图中可以看出三个卡爪的定位位置，其中一个卡爪与工件上表面接触（理论间隙 0.04mm），另两个卡爪（互成 120°）与圆锥母线（互成 60°）正好相切接触（理论间隙 0.03mm）。装夹时为了避免工件受损，可用薄铜皮垫于卡爪与工件之间。

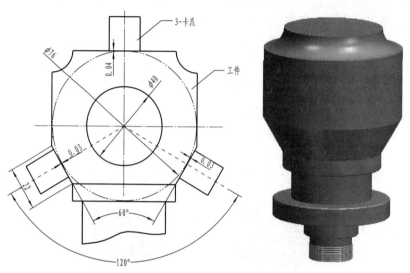

图 5-12 装夹分析图

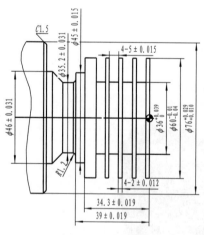

图 5-13 排槽图

2. 薄壁加工

件 2 右端内孔 $\phi 33^{+0.025}_{0}$ mm 与排槽小径单边距离 1.5mm，比较薄，同时考虑到加工外排槽工件 2 受到径向力较大，因此加工工序 3 粗车至内孔 $\phi 29$mm，不要直接车到 $\phi 33^{+0.025}_{0}$ mm，而是预留几毫米的余量，待加工完外排槽再去除预留余量，这样安排工序较好。

加工工序 21、工序 22 在编程时，单边吃刀深度要小（0.1～0.15mm），刀具要锋利，防止内孔因加工切削深度大而产生变形。

3. 排槽程序

件 2 由四个一样的深槽组成，如图 5-13 所示，常用调用子程序编程法。子程序编程如下。

指令格式:M98 P×× ×××× ;
调用次数 1～99　　子程序号(必须为四位数)
或者 M98 P×× 　L ×××× ;
调用次数 1～99　　子程序号(必须为四位数)
M99;子程序结束

采用从槽左侧进刀，按照切入、退出、右进刀、切入、平槽走刀路线，完成一个槽的加工，然后沿 Z 方向左移动，进行另一个槽加工，如此反复完成排槽加工。切排槽程序见表 5-3。

表 5-3　切排槽程序

程序内容	程序说明
O0001；	程序名
G40 G97 G99 G21；	程序初始化
T0101 S500 M03；	选择 1 号切槽刀，刀宽 3mm，左刀尖对刀，主轴 500r/min 正转
G00 X65.0 Z2.0 M08；	刀具快速移动到 ϕ65mm，Z2 位置，切削液打开
Z0.；	
M98 P40011；	调用切槽一级子程序（O0011）4 次
G00 X100.0；	刀具快速移动到安全点
Z100.0；	
M09；	切削液关
M05；	主轴停
M30；	程序结束
O0011；	子程序号
G01 W−7.0；	刀具左移相对坐标 7mm
X60.0；	
M98 P120022；	调用切槽二级子程序（O0022）12 次
G01 X65.0；	退刀
M99；	
O0022；	切槽二级子程序
G01 U−2. F0.03；	切入
U2. F0.4；	退刀至 X 起点
W2. F0.05；	右进刀
U−2. F0.03；	再次切入
W−2. F0.05；	左进刀，平槽
M99；	子程序结束

4. 件 1 宽槽程序

对于槽宽较大、深度较深的单槽加工可采用切槽循环指令 G75 编程加工。件 1 外槽 $\phi44\,^{\ 0}_{-0.03}$ mm×16mm，槽宽，而且属于单槽加工，用这种方法较好。

① 指令格式：

```
G75 R e;
G75 X(U)__Z(W)__PiQkRd  F__;
```

说明：

e——每切完一刀后沿 X 向的退刀量，半径值，单位为 mm。

X——最大切深点的 X 轴绝对坐标。

U——最大切深点的 X 轴增量坐标。

Z——最大切深点的 Z 轴绝对坐标。

W——最大切深点的 Z 轴增量坐标。

i——X 轴每次切深量与 e 的差值，半径值，单位为 μm。

k——沿径向切完一个刀宽后退出，在 Z 向的移动量，单位为 μm，其值小于刀宽。

d——刀具切到槽底后，在槽底沿 $-Z$ 方向的退刀量，单位为 μm，最好取 0。

② 槽程序。选取工件 1 右端面为编程原点，编程如表 5-4 所示。

表 5-4　件 1 单槽程序

程序内容	程序说明
O0002；	程序号
T0101 S500 M03 F0.10；	主轴转速 500r/min，调 1 号刀，进给量 0.1mm/r，左刀尖对刀，刀宽 3mm
G00 X65.0 Z−36.2 M08；	刀具快速移动到循环点，切削液开
G75 R2.0；	切槽循环，退刀量单边 2mm
G75 X44.3 Z−48.8 P3000 Q2500；	切槽循环，切深 3mm，位移 2.5mm（侧面留余量 0.2mm）
G00 X100.；	
Z100.；	
M05；	
M00；	暂停（进行测量、调整）
T0101 S1000 M03 F0.05；	精加工
G00 X65.0；	刀具快速移动到精加工起始点
Z−36.0；	
G01 X44.0；	右侧面精加工
G04 X2.0；	刀具在槽底暂停 2s
G01 Z−49.0；	槽底加工
X65.0；	左侧面精加工
G00 X100.0 Z100.0；	切刀快速移动到安全点
M05；	主轴停
M09；	切削液关
M30；	程序结束

5. 加工工序 20、工序 21 分析

如图 5-14 所示，工件左锥槽、右梯槽 $R1.2mm$ 轮廓呈递增形状，可用 G71、G70 循环指令编程，3mm 切槽刀进行加工，对刀点分别以刀具左刀尖 A、右刀尖 B 为准。表 5-5、表 5-6 所示为锥槽程序和 $R1.2mm$ 阶梯槽程序。

表 5-5　锥槽程序

程序内容	程序说明
O0003；	程序名
G40 G97 G99 S400 M03 F0.10；	主轴正转，程序初始化
T0101；	选 1 号切刀

续表

程序内容	程序说明
M08；	切削液开
G00 X61.；	刀具循环起点，切刀刀宽 3mm
Z-43.2；	
G71 U0.5 R0.5；	粗车循环，单边吃刀深度 0.5mm，退刀量 0.5mm
G71 P50 Q100 U0.3 W0.1；	粗车循环，X 方向精车余量 0.3mm，Z 方向精车余量 0.1mm
N50 G00 X35.2；	刀具快进至 ϕ35.2mm 处
G01 Z-45.6；	
X46. Z-51.；	锥度
Z-54.；	
N100 X80.；	
G00 X100.0；	快速返回换刀点
Z100.0；	
M05；	主轴停
…	…

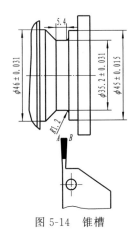

图 5-14　锥槽

表 5-6　**R1.2mm 阶梯槽程序**

程序内容	程序说明
O0004；	程序名
G40 G97 G99 S400 M03 F0.10；	主轴正转，程序初始化
T0101；	选 1 号切刀，切刀刀宽 3mm
M08；	切削液开
G00 X61.；	刀具循环起点
Z-40.2；	
G71 U0.5 R0.5；	粗车循环，单边吃刀深度 0.5mm，退刀量 0.5mm
G71 P50 Q100 U0.3 W0.1；	粗车循环，X 方向精车余量 0.3mm，Z 方向精车余量 0.1mm
N50 G00 X35.2；	刀具快进至 ϕ35.2mm 处

程序内容	程序说明
G03 X37.6 Z−39. R1.2;	加工 R1.2mm 弧
G01 X45.;	
Z−34.3;	
N100 X80.;	
G00 X100.0;	快速返回换刀点
Z100.0;	
M05;	主轴停
...	...

6. 注意事项

① 件 2 中，外槽 5mm 左右两端直径公差不同，分别是 $\phi76_{-0.06}^{-0.03}$mm、$\phi76_{+0.010}^{+0.029}$mm，因此分别编程。

② 件 2 内孔 $\phi64_{0}^{+0.03}$mm、$\phi30_{+0.007}^{+0.028}$mm、$\phi73_{0}^{+0.03}$mm 公差不一样，件 1 外圆 $\phi64_{-0.04}^{-0.02}$mm、$\phi30_{-0.021}^{0}$mm 公差不一样，编程及尺寸精度控制要注意，编程方法参照延伸阅读《磨耗功能在数控车床的应用》示例。

典型实例六

梯形螺纹类零件的加工

一、零件图纸（图 6-1～图 6-4）

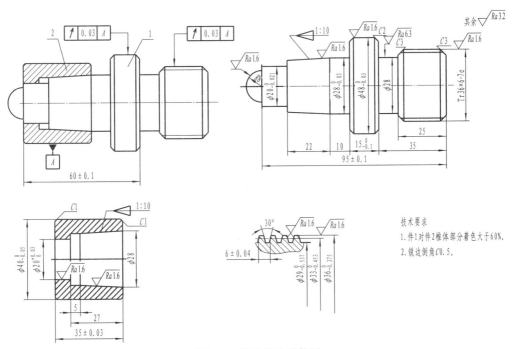

图 6-1 梯形螺纹零件图

图 6-2 梯形螺纹装配三维图

图 6-3 件 1 三维图

图 6-4 件 2 三维图

二、图纸要求

① 毛坯尺寸：$\phi50$mm×105mm、$\phi42$mm×37mm。

② 零件材料：45 圆钢。

③ 加工时间：300min。

三、工量刃具清单

工量刃具清单见表 6-1，评分标准见表 6-2。

表 6-1 工量刃具清单

序号	工具名称	规格/mm	数量
1	55°外圆车刀	25×25	1 把
2	$\phi16$mm 内孔镗刀	25×25	1 把
3	3mm 外圆切槽刀	25×25	1 把
4	外梯形螺纹车刀	25×25	1 把
5	麻花钻	$\phi18$	各 1 把
6	莫氏变径套	2~5,带扁尾	1 套
7	游标卡尺	0~150	1 把
8	带表游标卡尺	0~150	1 把
9	外径千分尺	0~25,25~50	各 1 把
10	万能角度尺	0~320	各 1 把
11	三针	尺寸待定	1 套
12	齿厚卡尺	1~25	1 套
13	深度千分尺	0~25	1 把
14	内径百分表	$\phi13$~$\phi50$	1 套
15	杠杆百分表	0.01	1 套
16	磁性表座		1 个
17	钟面式百分表	10(0.01)	1 个
18	R 规	$R8$	1 套
19	常用工具	卡盘扳手、刀具扳手、套管、铜棒	1 套
20	铜皮	1	若干
21	红丹粉		若干

表 6-2　评分标准

工件编号			总得分			
项目与配分	序号	技术要求	配分	评分标准	检测记录	得分
件1(61%)	1	$\phi20_{-0.021}^{0}$mm	4	超差0.01mm扣1分		
	2	$\phi28_{-0.03}^{0}$mm	4	超差0.01mm扣1分		
	3	$\phi48_{-0.03}^{0}$mm	4	超差0.01mm扣1分		
	4	10mm±0.20mm	3	超差0.01mm扣1分		
	5	$15_{-0.10}^{0}$mm	3	超差0.02mm扣1分		
	6	R8mm,1:10	2×2	超差全扣		
	7	圆跳动0.03mm	3×2	超差0.01mm扣1分		
	8	30°±6′	4	超差2′扣1分		
	9	6mm±0.04mm	4	超差0.01mm扣1分		
	10	$\phi29_{-0.537}^{0}$mm	4	超差0.05mm扣1分		
	11	$\phi33_{-0.453}^{0}$mm	4	超差0.05mm扣1分		
	12	$\phi36_{-0.375}^{0}$mm	4	超差0.05mm扣1分		
	13	ϕ28mm×10mm	2×2	超差全扣		
	14	一般尺寸及倒角	3	每错一处扣1分		
	15	Ra1.6μm	3	达不到全扣		
	16	Ra3.2μm	3	达不到全扣		
件2(17%)	17	$\phi40_{-0.05}^{0}$mm	4	超差0.01mm扣1分		
	18	$\phi20_{0}^{+0.03}$mm	4	超差0.01mm扣1分		
	19	35mm±0.03mm	3	超差0.02mm扣1分		
	20	1:10	2	超差全扣		
	21	Ra1.6μm	2	达不到全扣		
	22	Ra3.2μm	2	达不到全扣		
组合(14%)	23	螺纹与圆柱配合	8	超差一处扣4分		
	24	95mm±0.10mm	3	超差0.02mm扣1分		
	25	60mm±0.10mm	3	超差0.02mm扣1分		
其他(8%)	26	工件按时完成	5	未按时完成全扣		
	27	工件无缺陷	3	缺陷扣3分/处		
	28	程序与工艺合理	倒扣	每错一处扣2分		
	29	机床操作规范		出错1次扣2~5分		
	30	安全操作		停止操作或酌扣5~20分		

四、设备要求

① 使用车床型号为 CAK6140。

② 数控系统采用 FANUC 0i MATE-TD。

③ 采用平床身四刀位四方刀架。

五、图纸分析

本例为两件配合件，加工难点是工艺的安排、圆锥配合及外梯形螺纹的车削。工艺安排难点在于圆跳动的保证，装配图中基准为件2外圆 $\phi40_{-0.05}^{0}$ mm 的表面，被测要素为件1外圆 $\phi48_{-0.03}^{0}$ mm 和梯形螺纹大径 $\phi36_{-0.375}^{0}$ mm。圆跳动的要求加大了工艺安排的难度，要求从整体加工性考虑工艺性，包括毛坯尺寸、件1和件2的技术要求。先加工哪一部分后加工哪一部分显得尤为重要，否则根本保证不了形位精度。

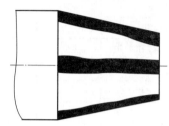

图6-5 涂色法检验圆锥配合

通过图纸技术要求件1对件2锥体部分着色大于60％可以得知接触面积已经超过三分之二，要求保证锥度、大小端直径等各个要素尺寸，这部分加工通过涂色法来检验。即将塞规涂上三绺红丹粉（互成60°），然后将内锥件塞入锥孔中，旋转半周，观察显示剂擦去情况（图6-5）。

梯形螺纹的车削技术不仅是普通车床加工技术难点，而且也是数控车削技术的难点，其难点：一是程序的编写，二是中径尺寸的保证。如何编制好合理的程序，保证不扎刀、不啃刀，如何通过正确测量判断并调整磨损量保证螺纹中径都是本案例中的要点。

六、工艺路线制定与安排

（1）总体方案

先加工件2部分尺寸，卸件，再加工件1部分尺寸，件2与件1锥度配合，加工件2外圆 $\phi40_{-0.05}^{0}$ mm，最后加工件1梯形螺纹部分。

（2）加工工序

工序1：夹件2毛坯（$\phi42$mm×37mm），手动车端面，钻通孔 $\phi18$mm。

工序2：粗、精车内锥阶梯孔，保证 $\phi20_{0}^{+0.03}$ mm、$\phi28$mm 及 1∶10 锥度。

工序3：粗车外圆至（$\phi40.8\sim41$mm）×20mm。

工序4：调头装夹外圆（$\phi40.8\sim41$mm），车端面，控制总长 35mm±0.03mm。

工序5：卸下件2，夹件1毛坯，手动车端面。

工序6：粗、精车外圆 $\phi37$mm×35mm、$\phi48_{-0.03}^{0}$ mm×50mm。

工序7：调头装夹外圆 $\phi37$mm，车端面，控制总长 95mm±0.1mm。

工序8：粗、精车 R8mm、$\phi20_{-0.021}^{0}$ mm、$\phi28_{-0.03}^{0}$ mm 及 1∶10 锥度。

工序9：将件2套进件1，圆锥配合，粗、精车外圆 $\phi40_{-0.05}^{0}$ mm，倒角 C1。

工序10：卸下件2，装夹件1外圆 $\phi28_{-0.03}^{0}$ mm（垫铜皮），工件贴紧夹爪端面，粗、精车外圆 $\phi36_{-0.375}^{0}$ mm。

工序11：切槽 $\phi28$mm。

工序12：粗、精车 Tr36×6-7e。

七、加工技术及编程技巧

1.圆锥尺寸计算

件1外锥（件2内锥）小端直径 $d=D-22\times\dfrac{1}{10}=28-2.2=25.8$(mm)。

2. 梯形螺纹相关参数计算

① 梯形螺纹牙型如图 6-6 所示，其相关参数计算公式如表 6-3 所示。

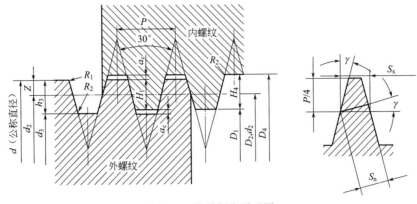

图 6-6　梯形螺纹牙型图

表 6-3　梯形螺纹各参数及计算公式

名称		代号	计算公式		
牙型角		α	$\alpha = 30°$		
螺距		P	由螺纹标准确定		
牙顶间隙		a_c	P/mm	$1.5\sim5$	$6\sim12$	$14\sim44$
			a_c/mm	0.25	0.5	1
外螺纹	大径	d	公称直径		
	中径	d_2	$d_2 = d - 0.5P$		
	小径	d_3	$d_3 = d - 2h_3$		
	牙高	h_3	$h_3 = 0.5P + a_c$		
内螺纹	大径	D_4	$D_4 = d + 2a_c$		
	中径	D_2	$D_2 = d_2$		
	小径	D_1	$D_1 = d - P$		
	牙高	H_4	$H_4 = h_3$		
牙顶宽		f, f'	$f = f' = 0.336P$		
牙槽底宽		w, w'	$w = w' = 0.366P - 0.536a_c$		
轴向齿厚		S_x	$S_x = 0.5P$		
法向尺厚		S_n	$S_n = 0.5P\cos\gamma$		

根据表 6-3 公式，外梯形螺纹牙顶宽 $f = 0.336P = 0.366 \times 6 = 2.196 \approx 2$（mm）；牙槽底宽 $w = 0.366P - 0.536a_c = 0.366 \times 6 - 0.536 \times 0.5 = 1.928$（mm）。

② 三针测量相关计算。三针法是测量螺纹（蜗杆）的一种精密测量方法，常适用于螺纹升角小于 4° 的三角螺纹、梯形螺纹、蜗杆的中径尺寸，如图 6-7 所示。

三针测量方法：三根量针放在相对应螺旋槽内，用千分尺测量出量针距离 M，再换算出螺纹中径的实际尺寸。其 M 值的计算公式见表 6-4。

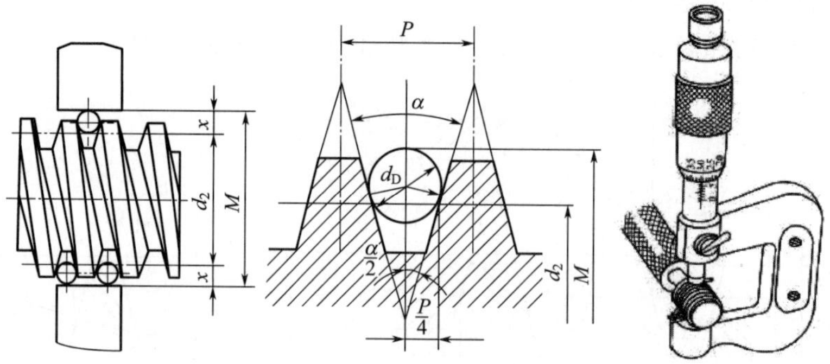

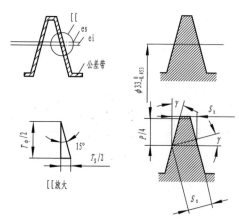

图 6-7　三针测量螺纹中径

表 6-4　M 值计算公式

螺纹牙型	M 值计算公式	量针直径		
		最大值	最佳值	最小值
30°	$M = d_2 + 4.864d_D - 1.866P$	$0.656P$	$0.518P$	$0.486P$
40°	$M = d_1 + 3.924d_D - 4.316m_x$	$2.446m_x$	$1.675m_x$	$1.61m_x$
60°	$M = d_2 + 3d_D - 0.866P$	$1.01P$	$0.577P$	$0.505P$
55°	$M = d_2 + 3.166d_D - 0.961P$	$0.894P - 0.029$	$0.564P$	$0.481P - 0.016$

注：量针直径选取要合适，最佳量针直径是量针横截面与螺纹牙侧相切于螺纹中径时的量针直径。

最佳量针选择：$d_D = 0.518P = 0.518 \times 6 = 3.108 \approx 3$（mm），$M = d_2 + 4.864d_D - 1.866P = 33 + 4.864 \times 3 - 1.866 \times 6 = 36.396$（mm），考虑到中径 $\phi 33_{-0.453}^{0}$ mm 的上下偏差值，因此 $M = \phi 36_{-0.057}^{+0.396}$ mm。

③ 法向尺厚测量法。测量时，可以用齿厚卡尺检测法向齿厚（在图纸上实际并不标注法向齿厚，而是标注中径公差），这里有一个转化技巧，即中径公差如何向法向齿厚公差转换，如图 6-8 所示。

图中，中径公差 $T_{中} = es - ei = 0 - (-0.453) = 0.453$（mm）；放大图中，$\tan\alpha = \dfrac{T_S/2}{T_{中}/2}$，$T_S = T_{中}\tan\alpha = 0.453\tan\alpha$，轴向齿厚公差 $T_S = T_{中}\tan\alpha = (es - ei)\tan\alpha$。

结论：法向齿厚上偏差 $es_n = es_x\cos\gamma = es\tan\alpha\cos\gamma = 0$（mm）；

法向齿厚下偏差 $ei_n = ei_x\cos\gamma = ei\tan\alpha\cos\gamma = -0.453 \times \tan15° \cos3.3° = -0.120$（mm）；

图 6-8　梯形螺纹换算图

所以法向尺厚尺寸为 $S_{n-0.12}^{\ 0}$ mm。

其中，$\alpha = 15°$，γ 为螺纹升角，es_x 为轴向齿厚上偏差，ei_x 为轴向齿厚下偏差。

$$\tan\gamma = \frac{P}{\pi d_2} = \frac{6}{3.14 \times 33} = 0.057, \gamma = 3.3°$$

齿厚游标卡尺（图 6-9）是用来测量齿轮（或蜗杆）的法向齿厚和齿顶高的。这种游标卡尺由两互相垂直的主尺组成，因此它就有两个游标。A 的尺寸由垂直主尺上的游标调整，测量的是螺纹的齿顶高。B 的尺寸由水平主尺上的游标调整，刻线原理和读法与一般游标卡尺相同，测量的是螺纹的法向尺厚。这种测量方法精度比三针测量差些。

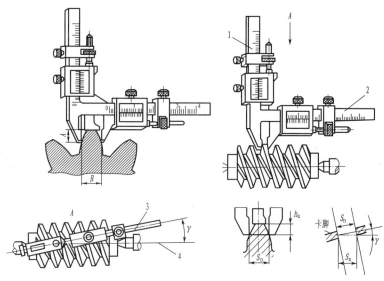

图 6-9　齿厚游标卡尺测量齿轮与蜗杆

1—齿高卡尺；2—齿厚卡尺；3—刻度所在卡尺的平面；4—蜗杆轴线

测量螺纹时，把齿厚游标卡尺读数调整到等于齿顶高 h_a，法向卡入齿廓，测得的读数是螺纹中径（d_2）的法向齿厚 S_n。

3. 梯形螺纹编程

梯形螺纹螺距为 6mm，螺距较大，车削时易扎刀，所以不能用直进法车削，采用斜进法进刀或者左右车削法进刀，如图 6-10、图 6-11 所示。

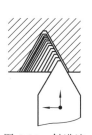
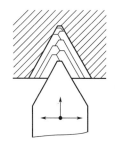

图 6-10　斜进法　　　　图 6-11　左右车削法

① 子程序嵌套编程法。本例中车梯形螺纹的方式是等切削深度左右拓宽分层切削法（左右切削法和分层切削法的结合），采用 G32 螺纹编程指令，刀具走刀路线是直进切入、轴向进刀、径向退刀、轴向退刀，返回上次螺纹直进切入的起点，经过不断反复完成零件加工，如图 6-12 所示。选刀头宽度为 1.5mm 的梯形螺纹车刀，每一层螺纹车刀左右进刀量为螺纹牙槽底宽（1.928－1.5）mm/2＝0.214（mm）。梯形螺纹部分程序如表 6-5 所示。

表 6-5　梯形螺纹部分程序

程序内容	程序说明
O0001；	程序名

程序内容	程序说明
G40 G97 G99 G21;	程序初始化
T0101 S100 M03;	选择1号梯形螺纹刀,刀宽1.5mm,左刀尖对刀,主轴100r/min正转
G00 X40.0 Z6.0 M08;	刀具快速移动到ϕ40mm,Z6位置
X38.0;	车螺纹第一刀直径起点
M98 P80100;	调用一级子程序(O0100)8次
M98 P120300;	调用一级子程序(O0300)12次
M98 P40400;	调用一级子程序(O0400)4次
M98 P30500;	调用一级子程序(O0500)3次
G00 X100.0;	径向退刀
Z100.0;	轴向退刀
M09;	切削液关
M05;	主轴停
M00;	暂停测量
T0101 S30 M03;	精车,主轴30r/min正转
G00 X40.0 Z6.0 M08;	
X38.0;	
X29.05;	精车螺纹径向起点
M98 P0500;	调用一级子程序(O0500)1次
G00 X100.0;	
Z100.0;	
M09;	
M05;	
M30;	
O0100;	子程序名
G01 U−0.5;	双边径向进刀0.5mm
M98 P0200;	调用子程序O0200一次
M99;	子程序结束,返回主程序
O0200;	子程序名
G32 Z−32.0 F6.0;	车削梯形螺纹
G00 U10.0;	径向退刀
Z10.0;	轴向退刀
U−10.0;	返回到上次螺纹加工进刀点
G00 W−0.214;	轴向左移动0.214mm
G32 Z−32. F6.0;	车削梯形螺纹
G00 U10.0;	径向退刀
Z10.0;	轴向退刀
U−10.0;	返回到上次螺纹加工进刀点

程序内容	程序说明
W0.214;	轴向右移动 0.214mm
G32 Z−32. F6.0;	车削梯形螺纹
G00 U10.0;	径向退刀
Z10.0;	轴向退刀
U−10.0;	返回到上次螺纹加工进刀点
M99;	子程序结束
O0300;	子程序名
G01 U−0.2;	双边径向进刀 0.2mm
M98 P0200;	调用子程序 O0200 一次
M99;	子程序结束,返回主程序
O0400;	子程序名
G01 U−0.1;	双边径向进刀 0.1mm
M98 P0200;	调用子程序 O0200 一次
M99;	返回主程序
O0500;	子程序名
G01 U−0.05;	双边径向进刀 0.05mm
M98 P0200;	调用子程序 O0200 一次
M99;	子程序结束

②　采用宏程序编程。为了减少程序段,提高效率可引用变量采用宏程序编程。梯形螺纹部分宏程序如表 6-6 所示。

表 6-6　梯形螺纹部分宏程序 1

程序内容	程序说明
O0002;	程序名
G40 G97 G99 G21;	程序初始化
T0101 S100 M03;	选择 1 号梯形螺纹刀,刀宽 1.5mm,左刀尖对刀,主轴 100r/min 正转
G00 X36.0 Z7.0 M08;	刀具快速移动到 φ36mm,Z7 位置,切削液开
♯1=0;	梯形螺纹吃刀深度初始值
♯2=0.5;	第一层梯形螺纹吃刀深度(双边)
N10♯1=♯1−♯2;	螺纹吃刀深度减去每层螺纹吃刀深度
♯3=♯1+36.0;	每次径向到达的切削位置
G00 X[♯3];	径向进刀
G32 Z−31. F6.;	车削梯形螺纹
G00 X[♯3+10.0];	径向退刀
Z6.786;	轴向左进刀
G00 X[♯3];	径向进刀
G32 Z−31. F6.0;	车削梯形螺纹

程序内容	程序说明
G00 X[♯3+10.0]；	径向退刀
Z7.214；	轴向右进刀
G00 X[♯3]；	径向进刀
G32 Z−31. F6.0；	车削梯形螺纹
G00 X[♯3+10.0]；	径向退刀
Z7.0；	轴向退刀
IF[♯1GT−3.0]GOTO10；	如果♯1大于−3mm，则跳转到 N10
♯2=0.3；	第二层梯形螺纹吃刀深度（双边）
IF[♯1GT−6.0]GOTO10；	如果♯1大于−6mm，则跳转到 N10
♯2=0.1；	第三层梯形螺纹吃刀深度（双边）
IF[♯1GT−6.8]GOTO10；	如果♯1大于−6.8mm，则跳转到 N10
G00 X100.0；	
Z100.0；	
M05；	
M00；	暂停，测量
S50 M03；	精加工，转速 50r/min
G00 X36.0 Z7.0；	刀具快速定位
♯2=0.05；	第四层梯形螺纹吃刀深度（双边）
IF[♯1GT−7.0]GOTO10；	如果♯1大于−7mm，则跳转到 N10
G00 X100.；	
Z100.；	
M05；	
M09；	
M30；	

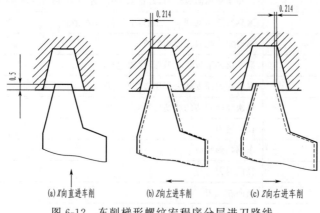

图 6-12　车削梯形螺纹宏程序分层进刀路线

③ 图 6-12 是一种进刀路线，车削梯形螺纹还有一种进刀路线，如图 6-13 所示。进刀路

线是每一层分三步车削，第一步 X 方向直进车削，第二步 Z 方向左进车削，第三步 Z 方向右进车削，以后每层如是，直到进刀到梯形螺纹小径。其所编制部分宏程序如表 6-7 所示。

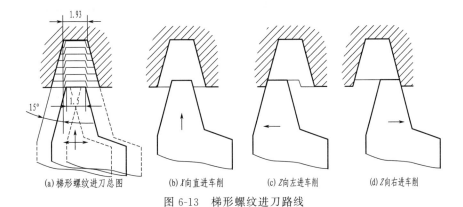

(a)梯形螺纹进刀总图　　(b)X向直进车削　　(c)Z向左进车削　　(d)Z向右进车削

图 6-13　梯形螺纹进刀路线

表 6-7　梯形螺纹部分宏程序 2

程序内容	程序说明
O0003；	程序名
G40 G97 G99 G21；	程序初始化
T0101 S100 M03；	选择 1 号梯形螺纹刀，刀宽 1.5mm，左刀尖对刀，主轴 100r/min 正转
G00 X40.0 Z6.0 M08；	刀具快速移动到 ϕ40mm，Z6 位置，切削液开
＃1＝36.0；	定义螺纹大径
N10 ＃2＝[[＃1－33.0]/2.0] * TAN[15]＋0.214；	Z 方向移动变化量
X[＃1]；	每次径向到达的切削位置
G32X[＃1] Z－31. F6.0；	车削梯形螺纹
G00 X40.0；	径向退刀
Z[10.0－＃2]；	轴向左进刀
X[＃1]；	径向进刀
G32X[＃1] Z－31. F6.0；	车削梯形螺纹
G00 X40.0；	径向退刀
Z[10.0＋＃2]；	轴向右进刀
X[＃1]；	径向进刀
G32X[＃1] Z－31. F6.0；	车削梯形螺纹
G00 X40.0；	径向退刀
Z6.0；	轴向退刀
＃1＝＃1－0.1；	X 轴坐标增量为递减 0.1mm
IF[＃1GE33.0]GOTO10；	如果＃1 大于 33.0mm，则跳转到 N10
G00 X100.；	
Z100.；	
M05；	

程序内容	程序说明
M09；	
M30；	

梯形螺纹宏程序还可以用 G92 指令进行编程，如表 6-8 所示。

表 6-8　梯形螺纹部分宏程序 3

程序内容	程序说明
O0004；	程序名
G40 G97 G99 G21；	程序初始化
T0101 S100 M03；	选择 1 号梯形螺纹刀，刀宽 1.5mm，左刀尖对刀，主轴 100r/min 正转
G00 X40.0 Z6.0 M08；	刀具快速移动到 ϕ40mm，Z6 位置，切削液开
＃1＝36.0；	定义螺纹大径
N10＃2＝[[＃1－33.0]/2.0]＊TAN[15]＋0.214；	Z 方向移动变化量
G92X[＃1]Z－31.F6.0；	车削梯形螺纹
Z[10.0－＃2]；	轴向左进刀
G92X[＃1]Z－31.F6.0；	车削梯形螺纹
Z[10.0＋＃2]；	轴向右进刀
G92X[＃1]Z－31.F6.0；	车削梯形螺纹
G00 X40.0；	径向退刀
Z6.0；	轴向退刀
＃1＝＃1－0.1；	X 轴坐标增量为递减 0.1mm
IF[＃1GE33.0]GOTO10；	如果＃1 大于 33.0mm，则跳转到 N10
G00 X100.；	
Z100.；	
M05；	
M09；	
M30；	

八、部分程序编制与说明

刀具编号如表 6-9 所示。

表 6-9　刀具编号

梯形螺纹车刀	T0101——刀尖角 30°
外轮廓车刀	T0202——93°外圆仿形刀（刀尖角 55°）
切槽刀	T0303——3mm 刀宽
内孔车刀	T0404——ϕ16mm 刀杆

① 工序 2 程序（右端面中心为编程原点）见表 6-10。

表 6-10 工序 2 程序

程序内容	程序说明
O0005；	程序名
G40 G97 G99 S400 M03 F0.20；	主轴正转,程序初始化
T0404；	选 4 号内孔车刀
M08；	切削液开
G00 X18.Z2.0；	刀具快速移动到内孔粗车循环起点
G71 U1.0 R0.5；	粗车循环,单边吃刀深度 1mm,退刀量 0.5mm
G71 P50 Q100 U−0.6 W0.2；	粗车循环,X 方向精车余量 0.6mm,Z 方向精车余量 0.2mm
N50 G00 X28.0；	
G01 Z0.；	
X25.8 Z−22.0；	车内锥
W−5.0；	
X20.0；	
Z−35.0；	
N100 X18.0；	
G00 X100.0 Z100.0；	快速返回换刀点
M05；	主轴停
M00；	程序暂停
T0404 S1500 M03 F0.10；	精车转速 1500r/min,精车进给量 0.10mm/r
G00 G41 X18.0 Z2.0；	刀具快速至内孔精车循环点
G70 P50 Q100；	内孔精车循环
G00 G40 X100.0 Z100.0；	刀具快速返回安全点
M05；	主轴停转
M08；	切削液关
M30；	

② 工序 3 程序（右端面中心为编程原点）见表 6-11。

表 6-11 工序 3 程序

程序内容	程序说明
O0006；	程序名
G40 G97 G99 S800 M03；	主轴正转,程序初始化
T0202；	选 1 号外圆刀
G00 X52.0 Z2.0；	刀具快速移动到粗车循环起点
G90 X40.8 Z−20.0 F0.20；	单一性状粗车循环
G00 X100.0 Z100.0；	快速返回换刀点
M05；	
M30；	

③ 工序 8 程序（右端面中心为编程原点）如表 6-12 所示。

表 6-12　工序 8 程序

程序内容	程序说明
O0007；	程序名
G40 G97 G99 S400 M03 F0.20；	主轴正转,程序初始化
T0202；	选 1 号外圆车刀
M08；	切削液开
G00 X52. Z2.0；	刀具快速移动到粗车循环起点
G71 U2.0 R0.5；	粗车循环,单边吃刀深度 2.0mm,退刀量 0.5mm
G71 P50 Q100 U0.8 W0.2；	粗车循环,X 方向精车余量 0.3mm,Z 方向精车余量 0.2mm
N50 G00 X0.；	
G01 Z0.；	Z 向靠近球面中心
X16.0 Z−8.0；	车半球
W−13.0；	
X25.8；	
X28.0 W−22.0；	车圆锥
W−10.0；	
X44.0；	
X48.0 W−2.0；	倒角 C2.0
N100 X52.0；	
G00 X100.0 Z100.0；	快速返回换刀点
M05；	主轴停
M00；	程序暂停
T0202 S1500 M03 F0.10；	精车转速 1500r/min,精车进给量 0.10mm/r
G00 G42 X52.0 Z2.0；	刀具快速至精车循环点,右刀补
G70 P50 Q100；	精车循环
G00 G40 X100.0 Z100.0；	刀具快速返回安全点并取消刀补
M05；	主轴停转
M08；	切削液关
M30；	

九、编程及加工相关注意事项

① 测量梯形螺纹时要注意测量姿势,采用三针测量 M 时,三个测针要平行,千分尺要垂直于三针;采用尺厚游标卡尺测量 S_n 时,尺厚卡尺尺身要与工件轴线成一个螺纹升角,即法向方向。

② 编写锥度及圆弧程序时,一定要引入左刀补（G41）或右刀补（G42）,否则会产生过切或欠切。

③ 精车梯形螺纹时,可以在刀具磨损画面,修改 Z 值进行中径（法向尺厚）控制,然后再执行精加工程序。

④ 梯形螺纹对刀时可采用左刀尖对刀。

典型实例七

偏心梯形螺纹综合类零件的加工

一、零件图纸 （图 7-1～图 7-8）

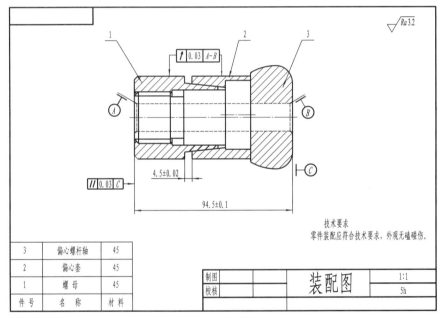

3	偏心螺杆轴	45
2	偏心套	45
1	螺母	45
件号	名　称	材料

技术要求
零件装配应符合技术要求，外观无磕碰伤。

制图		装配图	1:1
校核			5h

图 7-1　装配图

图 7-2　装配三维实体图

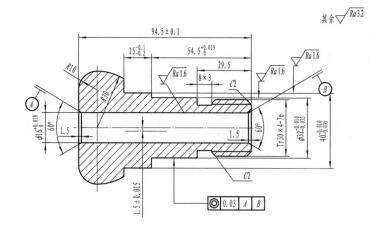

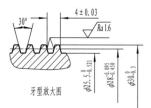

技术要求
1.不准使用砂布、锉刀、油石加工和修饰工件。
2.未注倒角均为C0.5。
3.未注公差按GB/T1804—2000m级。

图 7-3　偏心螺杆轴

图 7-4　偏心螺杆轴三维实体图

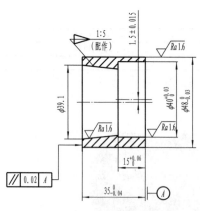

技术要求
1.不准使用砂布、锉刀、油石加工和修饰工件。
2.未注倒角均为C0.5。
3.圆锥接触面大于75%。

图 7-5　偏心套

图 7-6　偏心套三维实体图

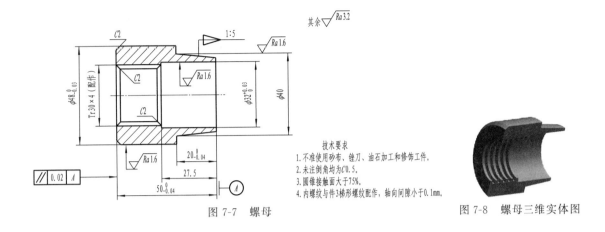

图 7-7 螺母

图 7-8 螺母三维实体图

技术要求
1. 不准使用砂布、锉刀、油石加工和修饰工件。
2. 未注倒角均为C0.5。
3. 圆锥接触面大于75%。
4. 内螺纹与件3梯形螺纹配作，轴向间隙小于0.1mm。

二、图纸要求

① 毛坯尺寸：$\phi65$mm×100mm、$\phi50$mm×102mm。
② 零件材料：45 圆钢。
③ 加工时间：300min。

三、工量刃具清单

工量刃具清单见表 7-1。

表 7-1　工量刃具清单

序号	工具名称	规格/mm	数量
1	80°外圆车刀	25×25	1 把
2	35°外圆车刀	25×25	1 把
3	$\phi16$mm 内孔镗刀	25×25	1 把
4	$\phi12$mm 内孔镗刀	25×25	1 把
5	3mm 外圆切槽刀	25×25	1 把
6	内梯形螺纹车刀	$\phi16$ 刀杆	1 把
7	外梯形螺纹车刀	25×25	1 把
8	麻花钻	$\phi14$、$\phi20$	各 1 把
9	中心钻	A2.5	1 支
10	莫氏变径套	2～5，带扁尾	1 套
11	游标卡尺	0～150	1 把
12	带表游标卡尺	0～150	1 把
13	外径千分尺	0～25、25～50、50～75	各 1 把
14	公法线千分尺	0～25、25～50	各 1 把
15	三针	尺寸待定	1 套
16	塞尺		1 把

续表

序号	工具名称	规格/mm	数量
17	光滑塞规	$\phi16H7$	1把
18	深度千分尺	$0\sim25$	1把
19	内径百分表	$\phi13\sim50$	1套
20	杠杆百分表	0.01	1套
21	磁性表座		1个
22	钟面式百分表	10(0.01)	1个
23	R规	$R10$、$R30$	1套
24	常用工具	卡盘扳手、刀具扳手、套管、铜棒、鸡心夹头	1套
25	铜皮	1	若干
26	红丹粉		若干
27	偏心垫(不允许使用偏心套)	2.25	若干

四、设备要求

① 使用车床型号为 CAK6140。
② 数控系统采用 FANUC 0i MATE-TD。
③ 采用平床身四刀位四方刀架。

五、图纸分析

该件主要的难点是工艺路线的安排、偏心工件的加工技术、梯形螺纹的编程与加工。零件尺寸公差小，最小为 0.018mm，图纸尺寸精度高，表面粗糙度数值小，要求高，且有同轴度、圆跳动和平行度要求。装配图中有件 2 偏心套和件 1 螺母的锥度配合要求 4.5mm±0.02mm，要求件 2 和件 1 的锥度要合适，接触面积大于 75%，大小端直径必须加工合格。

件 3 偏心螺杆轴中，基准 A、B 为两端面中心孔，被测要素 $\phi40_{-0.035}^{-0.010}$mm 轴线相对于两端中心孔轴线同轴度不超过 $\phi0.03$mm。件 2 偏心套中，基准 A 为右端面，被测要素左端面有 $\boxed{// | 0.02 | A}$ 要求，件 1 螺母中，基准 A 为右端面，左端面有 $\boxed{// | 0.02 | A}$ 要求。通过装配图以及工量刃具清单（鸡心夹头）来看，两个中心孔不仅用于双顶装夹车削，还用于装配检测形位公差。

该图纸给了两件毛坯，毛坯 $\phi65$mm×100mm 用于加工件 3，毛坯 $\phi50$mm×102mm 用于加工件 1、件 2。那么合理安排工件的工序是很重要的，尤其是件 1 和件 2 是同一个毛坯，工件加工顺序将会影响到工件的精度。

六、工艺路线制定与安排

1. 总体加工方案分析

该零件采用三爪自定心卡盘装夹，根据毛坯尺寸，应先加工偏心螺杆轴右端所有部分，左部圆弧曲线不加工，然后加工偏心套和螺母（两个工件的外圆没有加工到 $\phi48_{-0.03}^{0}$mm，留有余量），最后将三件装配在一起，双顶装夹，加工外圆 $\phi48_{-0.03}^{0}$mm 及调头一夹一顶车削件 3 左部圆弧曲线。

2. 件 3 偏心螺杆轴工艺分析及其加工步骤

件 3 的加工在三个工件中较为复杂，涉及偏心加工，工序可安排如下。

工序 1：夹毛坯 ϕ65mm×15mm，如图 7-9 所示，平端面，钻通孔 ϕ14mm；

工序 2：粗车外圆 ϕ63mm。

工序 3：粗、精车内孔 $\phi16^{+0.018}_{0}$mm，倒角 60°。

工序 4：调头，夹 ϕ63mm 处，百分表找正，平端面控制总长 94.5mm±0.1mm，如图 7-10 所示。

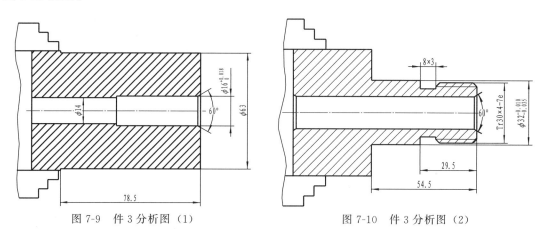

图 7-9　件 3 分析图（1）　　　　　图 7-10　件 3 分析图（2）

工序 5：粗、精车内孔 $\phi16^{+0.018}_{0}$mm，倒角 60°。

工序 6：粗、精车 $\phi32^{-0.010}_{-0.035}$mm、ϕ30mm。

工序 7：切槽 8mm×3mm。

工序 8：粗、精车 Tr30×4-7e。

工序 9：卸工件，垫偏心垫，二次装夹，找好偏心距 1.5mm±0.015mm，粗、精车偏心套尺寸 $\phi40^{-0.010}_{-0.035}$mm，如图 7-11 所示。

3. 使用毛坯 ϕ50mm×102mm 加工件 1、件 2 的步骤

工序 1：夹毛坯，手动车平端面，钻通孔 ϕ20mm，车外圆 ϕ49mm，如图 7-12 所示。

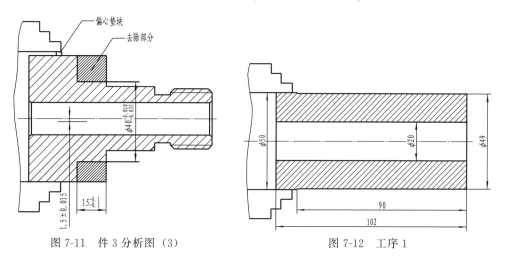

图 7-11　件 3 分析图（3）　　　　　图 7-12　工序 1

工序 2：卸件，调头装夹 $\phi 49\text{mm}$ 处，百分表找正，手动车端面，粗、精车件 2 内锥，保证锥度 1：5，如图 7-13 所示。

工序 3：粗车外圆 $\phi 49\text{mm}$，如图 7-14 所示。

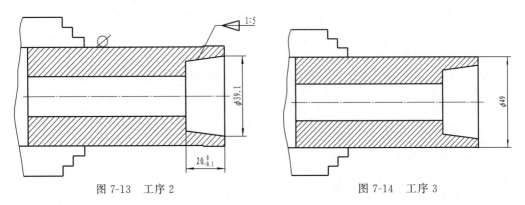

图 7-13　工序 2　　　　　　　　　　　　　　　　图 7-14　工序 3

工序 4：切断，保证长度 35.5mmm，如图 7-15 所示。

工序 5：粗、精车件 1 螺母内孔 $\phi 32^{+0.03}_{\ 0}\text{mm}$、外锥、内梯形螺纹 Tr30×4，如图 7-16 所示。

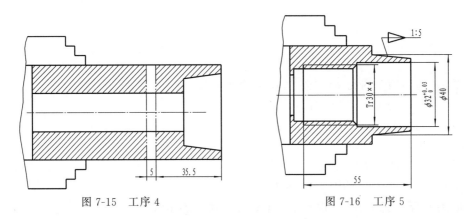

图 7-15　工序 4　　　　　　　　　　　　　　　　图 7-16　工序 5

七、加工技术难点及编程技巧

1. 偏心垫块计算及偏心找正方法

（1）偏心垫块的计算

车长度较短、偏心距较小（$e \leqslant 5\text{mm}$）的偏心工件可在三爪自定心卡盘的一个卡爪下加个垫片车削，如图 7-17 所示。

垫片厚度计算公式：

$$x \approx 1.5e = 1.5 \times 1.5 = 2.25 (\text{mm})$$

式中　x——垫片厚度，mm；

　　　　e——偏心距，mm。

（2）找偏心距步骤

① 将偏心垫块垫在一个三爪卡爪下，件 2 垫在外圆 $\phi 63\text{mm}$ 上，见图 7-11，件 3 垫在外圆 $\phi 49\text{mm}$ 上，见图 7-18。

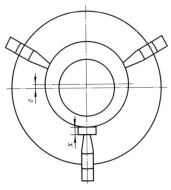

图 7-17　三爪卡盘车偏心原理

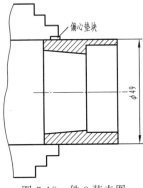

图 7-18　件 3 装夹图

② 用磁力百分表先拉第一条素线（件 3 是外圆 $\phi49\text{mm}$，件 2 是外圆 $\phi63\text{mm}$ 或者 $\phi32^{-0.010}_{-0.035}\text{mm}$），找直线度，看外径百分表数值是否为同一值，不是同一数值，找到同一值为止。工件旋转 90°（大约），再拉第二条素线，找直即可。

③ 中滑板径向移动，用磁力百分表找到工件外圆最高点，然后转动工件，看指针最大值，以这个最高点转动工件，观察表针到达最低点是否是 3 圈（表针转动 3mm）。

④ 不是 3 圈，则在相应的高点对应的卡爪处垫硬纸片调整。

⑤ 再复检，重复步骤②③。

注意：用百分表找偏心前，毛坯外圆要做成精基准面。

2. 相关尺寸链计算

由于件 2 偏心套内锥长度 L 是封闭环，所以 $L_{\min}=35-15=20（\text{mm}）$，$L_{\min}=34.96-15.06=19.9（\text{mm}）$，所以圆锥长度尺寸为 $\phi20^{\ 0}_{-0.10}\text{mm}$。

3. 测量技术

（1）三针测量法

三针测量法是一种测量梯形螺纹的精密测量方法，常适用于螺纹升角小于 4° 的三角螺纹，本例中梯形螺纹量针距离 M 可以根据表 6-4 公式计算出 $M=d_2+4.864d_{\text{D}}-1.866P=28+4.864\times2-1.866\times4=30.264（\text{mm}）$，考虑到中径 $\phi28^{-0.095}_{-0.450}$ 的上下偏差值，因此 $M=\phi30^{+0.169}_{-0.186}\text{mm}$。其中最佳量针选择：$d_{\text{D}}=0.518P=0.518\times4=2.072\approx2（\text{mm}）$。

（2）法向尺厚测量法

测量时，也可以用齿厚卡尺检测法向齿厚（在图纸上实际并不标注法向齿厚，而是标注中径公差），中径公差向法向齿厚公差转换如图 7-19 所示。

中径公差 $T_{\text{中}}=\text{es}-\text{ei}=-0.095-(-0.45)=0.545（\text{mm}）$；

$\tan\alpha=\dfrac{T_{\text{S}}/2}{T_{\text{中}}/2}$，$T_{\text{S}}=T_{\text{中}}\tan\alpha=0.545\tan\alpha$；

轴向齿厚公差 $T_{\text{S}}=T_{\text{中}}\tan\alpha=(\text{es}-\text{ei})\tan\alpha$；

法向齿厚上偏差 $\text{es}_{\text{n}}=\text{es}_{\text{x}}\cos\gamma=\text{estan}\alpha\cos\gamma=-0.095\times\tan15°\cos2.57°=-0.025（\text{mm}）$；

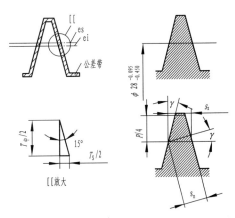

图 7-19　梯形螺纹换算图

法向齿厚下偏差 $ei_n = ei_x \cos\gamma = ei \tan\alpha \cos\gamma = -0.45 \times \tan15° \cos2.57° = -0.12(mm)$；

法向尺厚尺寸为 $S_n^{-0.025}_{-0.120}mm$。

其中，$\alpha = 15°$，γ 为螺纹升角，es_x 为轴向齿厚上偏差，ei_x 为轴向齿厚下偏差。

$$\tan\gamma = \frac{P}{\pi d_2} = \frac{4}{3.14 \times 28} = 0.045, \gamma = 2.57°$$

4. 梯形螺纹编程

由于梯形螺纹螺距相对较小（$P=4mm$），切削深度不大，但是梯形螺纹螺距越小越容易扎刀，为了避免扎刀，采用斜进法进刀，如图 7-20 所示。

图 7-20　梯形螺纹斜进车削

（1）件 3 采用 G76 指令斜进法编程。

件 3 螺距为 4mm，螺距相对较小，可用 G76 指令斜进法编程，见表 7-2。

表 7-2　件 3 用 G76 指令斜进法编程

程序内容	程序说明
O0002；	
T0101 S80 M03；	主轴转速 80r/min，调 1 号刀
G00 X45.0 Z6. M08；	刀具快速移动到螺纹循环点，切削液开
G76 P030030 Q10；	螺纹循环，斜向退刀量 0，精加工次数 3 次，刀尖角 30°，最小背吃刀量 10μm
G76 X25.5 Z−26.0 P2250 Q200 F4.；	螺纹循环，牙深 2.25mm，第一次切深 0.2mm，导程 4mm
G00 X100.；	
Z100.；	
M05；	
M09；	
M30；	

（2）件 1 采用 G76 指令斜进法编程，如表 7-3 所示。

表 7-3　件 1 用 G76 指令斜进法编程

程序内容	程序说明
O0002；	
T0101 S80 M03；	主轴转速 80r/min，调 1 号刀
G00 X22.0 Z4.0 M08；	刀具快速移动到螺纹循环点，切削液开
G76 P030030 Q10；	螺纹循环，斜向退刀量 0，精加工次数 3 次，刀尖角 30°，最小背吃刀量 10μm
G76 X30.0 Z−54.0 P2000 Q150 F4.0；	螺纹循环，牙深 2mm，第一次切深 0.15mm，导程 4mm
G00 X100.0；	
Z100.；	
M05；	
M09；	
M30；	

由于梯形螺纹的刀头宽度要小于牙槽底宽，因此粗加工后，中径尺寸仍然有余量，未到实际尺寸，因此精加工可以调整磨耗画面的 Z 值，进行偏置，其偏置值计算如下：

$$Z=\tan15°(M_1-M)$$

式中，M_1 为三针测量工件时实际测量值，M 为理论计算值。

5. 对刀技术

外梯形螺纹对刀通常以左刀尖 A 为对刀基准。如图 7-21、图 7-22 所示，将螺纹车刀靠近工件外圆，沾刀出屑，在刀具补偿画面 1 号刀具输入 XD，点测量键，刀具＋Z 向退出，X 正向进 0.5mm（双边），沿－Z 向移动刀具，左刀尖 A 接触工件右端面，沾刀出屑，刀具补偿画面 1 号刀具输入 Z0.，点测量键。

内梯形螺纹刀与外螺纹刀对刀原理一样。

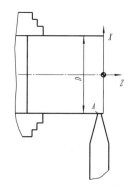

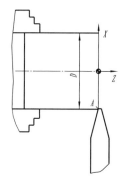

图 7-21 梯形螺纹 X 方向对刀   图 7-22 梯形螺纹 Z 方向对刀

6. 偏心加工技术

偏心加工属于断续加工，在图 7-11 中偏心部分外圆未车圆时，不宜编程加工，采用手动车削一小段，待该外圆车圆后，可以编程对刀加工外圆 $\phi40^{-0.010}_{-0.035}$mm 部分，件 2 偏心部分加工类同。

八、编程及加工相关注意事项

① 双顶装夹和一夹一顶装夹方式，所编制的程序 Z 向退刀不要与后顶尖发生干涉，避免发生碰撞。

② 件 3 圆弧曲线编程部分采用 G73、G70 循环指令，精加工程序要有刀具圆弧半径补偿指令。

③ 该案例也可采用案例六所采用的子程序嵌套法和宏程序编程法，读者可仿照案例进行试编程。

延伸阅读

"接表法"车削大偏心工件

偏心工件是车削加工经常遇到的，目前在职业技能鉴定考试和各种技能大赛中也是重要考点。此类零件的加工难点在于如何快速准确地找好偏心距，方法得当很快就能完成偏心的找正，否则很难完成。特别是大偏心工件，一些操作者往往更是无从下手。

1. 小偏心工件的加工

小偏心工件指的是偏心距 $e \leqslant 5mm$ 的工件。在三爪卡盘上找正时可按如下步骤：

① 制作圆弧垫片，垫片厚度 $h = 1.5e$。

② 利用高度尺、分度头、划规等划线工具划线（有时可省略）。

③ 夹精基准（已车外圆），用磁力百分表拉直两条互成 90°的母线。

④ 绕表找偏心。将百分表表头接触好工件，转动工件，找到主轴的最高点，而后将百分表向前移动，找到工件的最高点。注意，这时的点是前两个最高点的交点，也就是以此点为基准点绕表到工件最低点，最后绕表圈数 $= 2e$。

⑤ 若绕表圈数 $\neq 2e$，则没必要试切调整偏心距，可直接在垫片上（此区域为低点）或另两个卡爪上加平整的硬纸片（此区域为低点）。

⑥ 再用百分表拉母线，绕表反复校核，直到达到要求为止。

以上方法可准确地找出偏心距，同时可不用试切，提高效率。

2. 大偏心工件的找正和加工

大偏心工件指的是偏心距 $e > 5mm$ 的工件，是超过百分表量程的工件。下面就通过一个具有综合性、典型性的工件，从它的加工难点、工艺安排、加工方法及装夹定位来说明一下，如图 1 所示。

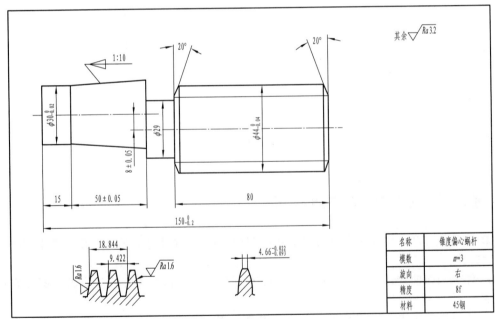

图 1 零件图纸

（1）工件特点

① 本工件综合性强，综合了两个难点：多头蜗杆的车削和大偏心工件的车削。

② 加工工艺难以安排。具体是先加工蜗杆还是先加工偏心是工艺安排的难点。鉴于毛坯尺寸，先加工蜗杆后加工偏心。

③ 工件尺寸精度高，形位精度高，表面粗糙度小。虽然从图纸上看并没有标注形位公差，但通过偏心距 8mm，隐含着对工件的同轴、装夹的要求。

④ 偏心距大，尺寸精度高（8mm±0.05mm）。对于小偏心（$e \leqslant 5mm$），可用磁力表去找偏心，如果偏心距大于 5mm 时，磁力表量程明显不够（最多 10mm），一般的加工方法是

用坐标镗床精确钻出偏心孔来，然后车偏心，但是如果没有坐标镗床，那该怎么办呢？在这里，可采用一种新的方法：利用中拖板刻度（数控车用 X 轴坐标刻度）与磁力表结合来找偏心，即接表法。

⑤ 多头蜗杆车削难度大，特别是分头，容易存在加工误差。

（2）装夹定位

① 针对上述工件特点②、③，工件在车蜗杆前，要粗车成 $\phi53mm$、$\phi52mm$ 的阶梯轴。图 2 的装夹为两顶尖式，这样便于保证 $\phi52mm$、$\phi53mm$ 的同轴，也为下一步钻偏心顶尖孔找正偏心做好准备。

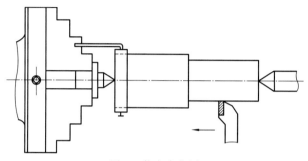

图 2　装夹定位图

② 车蜗杆时采用一夹一顶式，以中心孔为定位基准来定位。

③ 车削偏心锥度时，采用双顶偏心孔方式，以两个偏心孔为定位基准定位。

④ 钻偏心孔时，采用四爪单动卡盘装夹。车蜗杆时采用三爪自定心卡盘装夹。

（3）偏心部分相关尺寸计算

① 偏心借料计算：偏心部分最大外圆为 35mm，偏心距为 8mm，所以车削偏心前最小外圆直径为 $d = 35 + 8 \times 2 = 51(mm)$。

② 圆锥半角计算：$\alpha/2 \approx 28.7° \times C = 28.7° \times 0.1 = 2.87°$。

（4）偏心加工方法

① 划线。在阶梯轴端面划出偏心距为 8mm 的十字线，并打样冲眼，从而确定偏心孔的大概位置，如图 3 中的 A 点。

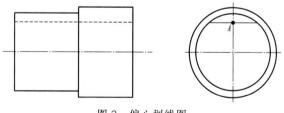

图 3　偏心划线图

② 在四爪卡盘找偏心，目的是使需要加工部分的轴线与车床的主轴旋转轴线相重合。方法为接表法。

a. 准备工作：调整好中滑板丝杠与螺母的间隙。

b. 四爪卡盘夹在 $\phi53mm$ 的外圆上，以顶尖为依据调整四爪，使十字线 A 点对准顶尖，同时用钢直尺测量深进的单爪和探出的单爪（偏爪）的距离差为 16mm 左右（以卡盘边缘为测量基准），而另两个爪的距离几乎相等（对称爪）。

c. 用磁力表将工件母线直线度（"一"）找好。

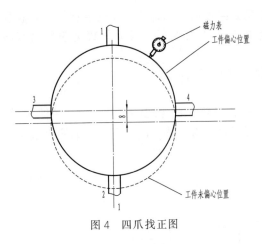

图 4　四爪找正图

d. 使磁力表表头对准尾座顶尖，使表头处于主轴中心位置（近似）。

e. 转动工件找到工件最高点，如图 4 所示。

f. 记下表头数值，然后将中滑板刻度对零，转动工件至最低点区域，同时中滑板向前进，转动工件找到最低点，观察中滑板刻度值是否为 3.2 圈，不是则调偏心爪 1、2，直到中滑板从最高点向最低点摇进 3.2 圈为止。

注：中滑板摇进一圈，表头向前进了 5mm（数控车利用其手轮相对坐标方式）。

g. 偏心距找好后，检查主轴的最低点与工件的最高点是否重合，不重合要调整 3、4 爪。存在的两种情况如图 5 所示。

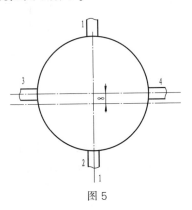

图 5

- 若轴线 1 向右偏，则紧 4 爪、松 3 爪。
- 若轴线 1 向左偏，则紧 3 爪、松 4 爪。

注意：若工件的最高点大于主轴最低点值时，则 1 右偏（或高点置前），反之，高点置后，1 左偏。

由上述一般方法可引申出小技巧：工件最低点法或最高点法。

主要内容：调 1、2 偏爪，找到工件最高点，观察中滑板值和向前移动的刻度是否为 1.6 圈（8mm）。

说明：主轴最低点在转动卡盘时从工件体现。工件最高点为转动工件且用磁力表径向移动找出。找好一端后，钻偏心顶尖孔，再用同样方法找另一端偏心。

(5) 偏心加工注意事项

车削偏心工件为断续加工，要求车刀强度、韧性都要好。要求粗车刀、精车刀各备一把，粗车刀刃倾角 $\lambda_s = 0°$ 适宜，精车刀要锋利，要备出修光刃。工件是在两顶尖的装夹中进行加工，粗车时，吃刀深度不宜过大（≤2mm），否则工件脱离顶尖容易飞出，出现危险，而且粗车转速不宜过高（＜400r/min），进给量 F 不宜过大（0.15～0.20mm/r）。

虽然大偏心工件较难加工，但是通过以上典型例子的论述，只要掌握好"接表法"，熟练操作要领，掌握其技巧，加工大偏心技术的难题就会迎刃而解。

典型实例八

椭圆类综合类零件的加工

一、零件图纸（图 8-1～图 8-10）

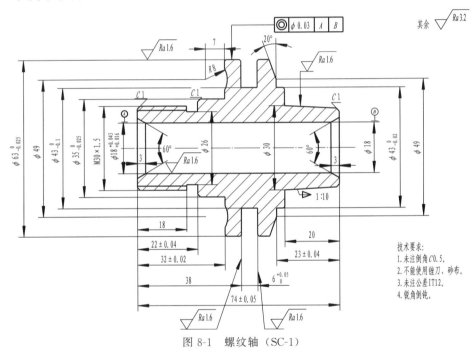

图 8-1 螺纹轴（SC-1）

技术要求：
1. 未注倒角 C0.5。
2. 不能使用锉刀、砂布。
3. 未注公差 IT12。
4. 锐角倒钝。

其余 √ Ra 3.2

图 8-2 螺纹轴三维实体图

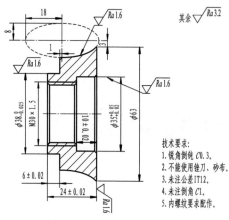

其余 $\sqrt{Ra\,3.2}$

技术要求:
1. 锐角倒钝 $C0.3$。
2. 不能使用锉刀、砂布。
3. 未注公差IT12。
4. 未注倒角 $C1$。
5. 内螺纹要求配作。

图 8-3　椭圆连接套（SC-2）

图 8-4　椭圆连接套三维实体图

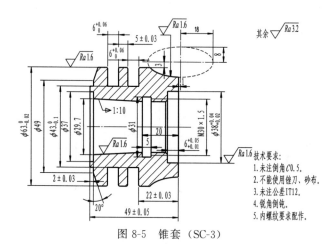

其余 $\sqrt{Ra\,3.2}$

技术要求:
1. 未注倒角 $C0.5$。
2. 不能使用锉刀、砂布。
3. 未注公差IT12。
4. 锐角倒钝。
5. 内螺纹要求配作。

图 8-5　锥套（SC-3）

图 8-6　锥套三维实体图

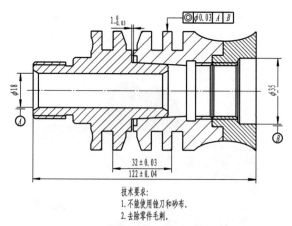

技术要求:
1. 不能使用锉刀和砂布。
2. 去除零件毛刺。

图 8-7　装配图（1）（SC-4）

图 8-8　装配三维实体图（1）

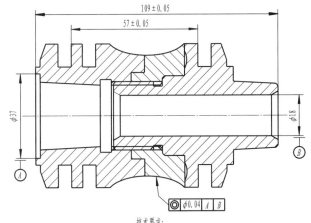

技术要求:
1.不能使用锉刀和砂布。
2.去除零件毛刺。

图 8-9　装配图（2）（SC-5）

图 8-10　装配三维实体图（2）

二、图纸要求

① 毛坯尺寸：ϕ65mm×160mm。

② 零件材料：45 圆钢。

③ 加工时间：300min（包含编程与程序手动输入）。

三、工量刃具清单

① 刀具清单，如表 8-1 所示。

表 8-1　刀具清单

序号	刀具名称	规格	数量	备注
1	90°外圆车刀	MCLNR2525M12	1	
2	35°外圆车刀	MVJNL2525M16	1	反刀
3	35°外圆车刀	MVJNR2525M16	1	
4	切槽刀	ZQ2525R-04	1	
5	外螺纹车刀	SER2525M16	1	
6	内沟槽车刀 12	FSL5110	1	
7	内螺纹车刀	SNR001610	1	
8	内孔镗刀 12	S12STFCR06	1	
9	内孔镗刀 16	S16LCR11	1	
10	钻头	$\phi16mm$	1	

② 工、量具清单，如表 8-2 所示。

表 8-2　工、量具清单

序号	工、量具名称	规格/mm	数量	精度/mm
1	数显游标卡尺	0～150	1	0.01
2	千分尺	0～25、25～50、50～75	各1	0.01
3	公法线千分尺	0～25、25～50、50～75	各1	0.01
4	内测千分尺	5～30	1	0.01
5	内径百分表	18～35、35～50	各1	0.01
6	塞尺	0.02～1	1	
7	杠杆百分表	0～0.8	1	0.01
8	表头	0～10	1	0.01
9	磁力表座		1	
10	R 规	7～15	1	
11	铜棒		1	
12	垫铁若干		若干	
13	铜皮	1	若干	
14	清边器		1	

四、工件评分标准

工件评分标准见表 8-3。

表 8-3 工件评分标准

工种	数车工	图号	SC-1～SC-5	学校		竞赛号	
竞赛批次			机床编号		姓名	总得分	

图号	考核项目	考核内容及要求		配分		评分标准	检测结果	得分	签字
				IT	Ra				
SC-1	外圆	$\phi 63_{-0.025}^{0}$ mm	IT	2	0.25	超差不得分			
		$\phi 35_{-0.025}^{0}$ mm	IT	2	0.25	超差不得分			
		$\phi 43_{-0.1}^{0}$ mm	IT	1	0.25	超差不得分			
		$\phi 43_{-0.02}^{0}$ mm	IT	2	0.25	超差不得分			
		$\phi 49$mm、$\phi 26$mm、$\phi 30$mm、$\phi 49$mm	IT	1		超差不得分			
	内径	$\phi 18_{0}^{+0.03}$ mm	IT	2	0.25	超差不得分			
	外螺纹	M30×1.5	IT	2	0.25	超差不得分			
	端面圆弧	$R8$mm	IT	1	0.25	超差不得分			
	长度	22mm±0.04mm	IT	1.5		超差不得分			
		32mm±0.02mm	IT	1.5		超差不得分			
		38mm±0.02mm	IT	1.5		超差不得分			
		$6_{0}^{+0.05}$ mm	IT	1.5		超差不得分			
		23mm±0.04mm	IT	1.5		超差不得分			
		74mm±0.05mm	IT	1.5		超差不得分			
		18mm、38mm、20mm	IT	1		超差不得分			
	倒角	三处 1mm×45°	IT	0.75		超差不得分			
		两处 60°倒角	IT	1		超差不得分			
	锥度	1∶10	IT	2	0.25	超差不得分			
	角度	20°	IT	1		超差不得分			
SC-2	外径	$\phi 38_{-0.025}^{0}$ mm	IT	2	0.25	超差不得分			
		$\phi 63$mm	IT	0.5		超差不得分			
	内径	$\phi 35_{+0.02}^{+0.05}$ mm	IT	2	0.25	超差不得分			
	内螺纹	M30×1.5	IT	2	0.25	超差不得分			
	长度	6mm±0.02mm	IT	1.5		超差不得分			
		10mm±0.02mm	IT	1.5		超差不得分			
		24mm±0.02mm	IT	1.5		超差不得分			
	倒角	三处 1mm×45°	IT	0.75		超差不得分			

续表

图号	考核项目	考核内容及要求		配分		评分标准	检测结果	得分	签字
				IT	Ra				
SC-3	外径	$\phi 63_{-0.02}^{0}$ mm	IT	2	0.25	超差不得分			
		$\phi 43_{-0.1}^{0}$ mm	IT	1	0.25	超差不得分			
	内径	$\phi 38_{+0.02}^{+0.04}$ mm	IT	1	0.25	超差不得分			
		$\phi 37$ mm、$\phi 29.7$ mm、$\phi 31$ mm	IT	1		超差不得分			
	内螺纹	M30×1.5	IT	2	0.25	超差不得分			
	长度	2mm±0.03mm	IT	1.5		超差不得分			
		22mm±0.03mm	IT	1.5		超差不得分			
		49mm±0.05mm	IT	1		超差不得分			
		$6_{0}^{+0.06}$ mm	IT	1.5		超差不得分			
		$6_{0}^{+0.06}$ mm	IT	1.5		超差不得分			
		5mm±0.03mm	IT	1		超差不得分			
		$6_{+0.01}^{+0.05}$ mm	IT	1.5		超差不得分			
	锥度	1:10	IT	2	0.25	超差不得分			
	角度	20°	IT	1.5		超差不得分			
其他	椭圆	椭圆配合	IT	3	0.5	超差不得分			
配合	长度	32mm±0.03mm	IT	3		超差不得分			
		122mm±0.04mm	IT	3		超差不得分			
		$1_{-0.03}^{0}$ mm	IT	2		超差不得分			
		57mm±0.05mm	IT	3		超差不得分			
		109mm±0.05mm	IT	3		超差不得分			
	形位公差	◎ $\phi0.03$ A B	IT	4		超差不得分			
		◎ $\phi0.04$ A B	IT	4		超差不得分			
	锥度配合	达到65%以上	IT	4		超差不得分			
其他项目	安全、文明生产			3		遵守安全操作规程、工作场地整洁、工量卡具摆放整齐合理不扣分(稍差扣1分;很差扣3分)			
	零件的完整性			4		未完成全扣			
	加工时间	定额时间,300min,到时间停止加工				起始时间		终止时间	
记录员		监考人		检验员		复检员		裁判长	

五、设备要求

① 使用车床型号为 CAK5085Di。

② 数控系统采用 FANUC SERIES 0i MATE-TC 或华中数控世纪星 HNC21T。

③ 采用平床身四刀位四方刀架。

④ 其他:每台机床配备一台计算机,计算机上装有"CAXA 数控车 XP"自动编程软

件，计算机与数控机床通信已连接好，参赛选手可根据需要使用自动编程和手工编程两种方式参加比赛。

六、图纸分析

该例比较典型，融合槽类、螺纹类配合、内外圆类配合、圆锥配合、端面弧及椭圆类曲线加工，最后采取两种对配方式装配在一起。该案例加工时间为 300min，时间短，加工任务、考核点多，题型难度为高级工上限等级。

从零件图纸看出，每个零件尺寸公差较小，直径尺寸公差最小为 0.02mm，尺寸精度高；表面粗糙度为 $Ra3.2 \sim 1.6\mu m$，要求也较高。SC-5 装配图有两个尺寸要求，即总装尺寸 109mm±0.05mm 及槽长 57mm±0.05mm 的保证。图纸中，基准 A 为 $\phi37$mm 内圆的轴线，基准 B 为 $\phi18$mm 内圆的轴线，$\boxed{\odot | \phi0.04 | A | B}$ 为凹椭圆部分的轴线相对于基准 A 和基准 B 的同轴度。SC-4 装配图有两个尺寸要求，即总装尺寸 122mm±0.04mm 及槽长 32mm±0.03mm 的保证。图纸中，基准 A 为 $\phi18$mm 内圆的轴线，基准 B 为 $\phi35$mm 内圆的轴线，$\boxed{\odot | \phi0.03 | A | B}$ 为 SC-3 槽外圆的轴线 $\phi63_{-0.02}^{0}$mm 相对于基准 A 和基准 B 的同轴度，同时 SC-3 和 SC-1 装配起来端面间隙保证 $1_{-0.03}^{0}$mm。

本例难点一是工艺的安排，二是非圆曲线——椭圆的编程与加工。本例包括三件需要加工的零件，而且最后对配配合，所以工艺安排非常重要，具体先加工哪个零件（或零件哪一部分），后加工哪个零件（或零件哪一部分）须先从整体分析，然后再个别零件分析，保持一个原则即工序安排一定要合理。如果工件加工工序安排有问题就会出现后面的工件无法再加工或加工进行不下去，造成本来不是很复杂的个别零件都未加工。本例在工艺安排方面很典型。

椭圆的加工在本例中考察两处，在分析椭圆加工时，一是要注重走刀路线，即刀具从椭圆的哪侧入刀；二是要采用什么方法进行编程才最简单、加工效率最高。

案例中毛坯为 45 钢，毛坯尺寸 $\phi65$mm×160mm，根据毛坯尺寸，需要先自行安排为每个工件切断出对应的毛坯（切毛坯前先钻孔 $\phi16$mm），SC-1 对应毛坯尺寸为 $\phi65$mm×76mm，SC-3 和 SC-2 为一个毛坯，对应尺寸为 $\phi65$mm×79mm。

七、工艺安排

根据图纸技术要求，总体工艺安排是先加工件 SC-3 的内锥、内螺纹和椭圆，外槽部分保留；卸件，加工件 SC-2 内孔和内螺纹，外轮廓部分保留；卸件，加工 SC-1 左部后，将 SC-3 与 SC-1 螺纹配合，切槽；卸件，将 SC-2 与 SC-1 螺纹配合，加工外圆部分及椭圆部分；卸件，最后加工 SC-1 的右半部。具体如下。

1. SC-3 加工方案（部分工序 1）

① 夹毛坯（$\phi65$mm×79mm），平端面，钻通孔 $\phi16$mm。

② 粗车外圆 $\phi64$mm×50mm。

③ 粗、精车内孔 $\phi37$mm、1：10 的内锥孔。

④ 切断保证 $\phi64$mm×50mm。

2. SC-2 加工方案（部分工序）

① 所夹剩余毛坯车平端面。

② 粗车外圆 $\phi64$mm×15mm。

③ 粗、精车内孔 $\phi35_{+0.02}^{+0.05}$mm、$\phi28.5$mm。

④ 粗、精车内螺纹 M30×1.5。

⑤ 卸工件。

⑥ 调头夹 SC-2 外圆 ϕ64mm×15mm 处，车端面，控制总长 24mm±0.02mm。

3. SC-3 加工方案（部分工序 2）

① 调头夹 SC-3 外圆 ϕ64mm，磁力百分表找正，车端面，控制工件总长 49mm±0.05mm。

② 粗、精车凹椭圆。

③ 粗、精车内孔 $\phi38^{+0.04}_{+0.02}$mm、ϕ28.5mm。

④ 车内槽 ϕ31mm。

⑤ 粗、精车内螺纹 M30×1.5。

⑥ 卸工件。

4. SC-1 加工方案（部分工序）

① 夹毛坯（ϕ65mm×76mm），平端面，钻通孔 ϕ16mm。

② 粗、精车外圆 $\phi63^{\ 0}_{-0.025}$mm、$\phi35^{\ 0}_{-0.025}$mm、ϕ29.8mm，倒角 C1。

③ 切槽 ϕ26mm。

④ 粗、精车外螺纹 M30×1.5。

⑤ 粗、精车端面弧 R8mm。

⑥ 切槽 $\phi43^{\ 0}_{-0.10}$mm。

5. SC-3 外槽加工方案（余下工序）

① SC-3 与 SC-1 通过螺纹旋合装配，粗、精车外圆 $\phi63^{\ 0}_{-0.02}$mm，倒角 20°。

② 切槽 $\phi43^{\ 0}_{-0.10}$mm（2 个），如图 8-11 所示。

③ 卸下工件 SC-3。

6. SC-2 椭圆加工方案（余下工序）

SC-2 与 SC-1 通过螺纹旋合装配，粗、精车外圆 $\phi38^{\ 0}_{-0.025}$mm、椭圆部分，如图 8-12 所示。

图 8-11　SC-3 外槽加工及装配图　　　　图 8-12　SC-2 椭圆加工及装配图

7. SC-1 加工方案（余下工序）

① 垫铜皮于 $\phi35^{\ 0}_{-0.025}$mm 外圆处，车端面，控制总长 74mm±0.05mm。

② 粗、精加工外圆 ϕ49mm、$\phi43^{\ 0}_{-0.02}$mm、20°角锥、1∶10 外锥，倒角 C1。

③ 内孔倒角 3mm×60°。

八、加工技术难点及编程技巧

1. SC-3 加工工序 2——粗、精车凹椭圆编程技巧

数控车床加工椭圆类曲线一般有两种方法，一是通过利用 CAD/CAM 编程软件对零件

造型自动生成程序再加工；二是利用宏程序进行编程加工。两种方法相比，宏程序更好一些，其优点是程序短少，加工效率高。

宏程序编程有 A 类宏程序编程和 B 类宏程序编程。A 类宏程序对于数控车编程比较烦琐，牵涉到引数赋值，而 B 类宏程序比较简洁实用，数控车床通常用此方法。

(1) 用 IF 语句编制宏程序。

宏程序或参数编程可用以下变量进行运算。

♯1——椭圆公式中的 Z 坐标初始值；

♯2——椭圆公式中的 X 坐标初始值（半径值）；

♯3——椭圆在工件坐标系中的 Z 坐标值；

♯4——椭圆在工件坐标系中的 X 坐标值（直径量），其值为 $2 \times ♯2$。

凹椭圆部分参考程序见表 8-4（以 SC-3 右端面为编程原点）。

表 8-4　凹椭圆部分参考程序 1

程序内容	程序说明
O0001;	程序名
G40 G97 G99 G21;	
T0101 S500 M03 F0.20;	粗车椭圆，1 号外圆车刀，转速 500r/min，进给量 0.2mm/r
G00 X65.0 Z2.0 M08;	刀具快速移动到 φ65mm，Z2 位置，粗车循环点
G73 U6.0 R10.0;	粗车循环
G73 P100 Q200 U0.8 W0.02;	
N100 G00 G42 X53.02;	
G01 Z0.;	
♯1=0.;	公式中的 Z 坐标值
N120 ♯2=8.0*SQRT[ABS[324.0−♯1*♯1]]/18.0;	公式中的 X 坐标值
♯3=♯1;	工件坐标系中的 Z 坐标值
♯4=−2.0*♯2+69.0;	工件坐标系中的 X 坐标值
G01 X♯4 Z♯3;	直线插补
♯1=♯1−0.5;	Z 坐标增量为递减 0.5mm
IF[♯1GE−16.69]GOTO120;	条件判断语句，数值如图 8-13 所示
N200 G00 G40 X65.0;	
G00 X100.0;	
Z100.0;	
M09;	
M05;	
T0202 S1200 M03 F0.1;	精车椭圆，2 号外圆车刀，转速 1200r/min，进给量 0.1mm/r
G00 X65.0 Z2.0;	刀具快速移动到精车循环点，引入右刀补
G70 P100 Q200;	精车循环
G00 X100. Z100.;	
M05;	
M30;	

引申：如果 SC-3 加工方案（部分工序 2）如下安排。

① 调头夹 SC-3 外圆 ϕ64mm，百分表找正，车端面，控制工件总长 49mm$\pm$0.05mm。

② 粗、精车凹椭圆。

③ 粗、精车内孔 $\phi38^{+0.04}_{+0.02}$mm、ϕ28.5mm。

④ 车内槽 ϕ31mm。

⑤ 粗、精车内螺纹 M30$\times$1.5。

⑥ 卸工件。

那么凹椭圆部分宏程序见表 8-5。

表 8-5　凹椭圆部分参考程序 2

程序内容	程序说明
O0001;	程序名
G40 G97 G99 G21;	
T0101 S500 M03 F0.20;	粗车椭圆,1 号外圆车刀,转速 500r/min,进给量 0.2mm/r
G00 X65.0 Z2.0 M08;	刀具快速移动到 ϕ65mm,Z2 位置,粗车循环点
G73 U6.0 R10.0;	粗车循环
G73 P100 Q200 U0.8 W0.02;	
N100 G00 G42 X53.02;	
G01 Z0.;	
#1=−1.0;	公式中的 Z 坐标值
N120 #2=8.0 * SQRT[ABS[324.0−#1 * #1]]/18.0;	公式中的 X 坐标值
#3=#1+1.0;	工件坐标系中的 Z 坐标值
#4=−2. * #2+69.0;	工件坐标系中的 X 坐标值
G01 X#4 Z#3;	直线插补
#1=#1−0.5;	Z 坐标增量为递减 0.5mm
IF[#1GE−16.69]GOTO120;	条件判断语句,数值如图 8-13 所示
N200 G00 G40 X65.;	
G00 X100.0;	
Z100.0;	
M05;	
T0202 S1200 M03 F0.1;	精车椭圆,2 号外圆车刀,转速 1200r/min,进给量 0.1mm/r
G00 X65. Z2.0;	刀具快速移动到精车循环点
G70 P100 Q200;	精车循环
G00 X100. Z100.;	
M09;	
M05;	
M30;	

（2）用 WHILE 循环语句，参考程序见表 8-6。

表 8-6　WHILE 语句参考程序

程序内容	程序说明
O0001；	程序名
G40 G97 G99 G21；	
T0101 S500 M03 F0.20；	粗车椭圆,1 号外圆车刀,转速 500r/min,进给量 0.2mm/r
G00 X65.0 Z2.0 M08；	刀具快速移动到 ϕ65mm,Z2 位置,粗车循环点
G73 U6.0 R10.0；	粗车循环
G73 P100 Q200 U0.8 W0.02；	
N100 G00 G42 X53.02；	
G01 Z0.；	
♯1＝0.；	公式中的 Z 坐标值
WHILE[♯1GE−16.69]DO1；	条件句,如果♯1≥−16.69mm,进行下列循环,数值如图 8-13 所示
N120 ♯2＝8.0＊SQRT[ABS[324.0−♯1＊♯1]]/18.0；	公式中的 X 坐标值
♯3＝♯1；	工件坐标系中的 Z 坐标值
♯4＝−2.＊♯2＋69.0；	工件坐标系中的 X 坐标值
G01 X♯4 Z♯3；	直线插补
♯1＝♯1−0.5；	Z 坐标增量为递减 0.5mm
END1；	循环结束
N200 G00 G40 X65.0；	
G00 X100.0；	
Z100.0；	
M05；	
T0202 S1200 M03 F0.1；	精车椭圆,2 号外圆车刀,转速 1200r/min,进给量 0.1mm/r
G00 X65.0 Z2.0；	刀具快速移动到精车循环点
G70 P100 Q200；	精车循环
G00 X100.0 Z100.0；	
M09；	
M05；	
M30；	

（3）用极角编制宏程序，参考程序见表 8-7。

编程过程中使用以下变量进行运算。

♯1——极角 α；

♯2＝$b \times \sin[♯1]$——椭圆极坐标系下 X 坐标；

♯3＝$a \times \cos[♯1]$——椭圆极坐标系下 Z 坐标；

♯4——椭圆各点在工件坐标系下的 X 坐标；

♯5——椭圆各点在工件坐标系下 Z 坐标。

本例中椭圆极角 α 为 158°，在图 8-14 中，A 为椭圆加工终点，B 为椭圆极点。

表 8-7　极角编程参考程序

程序内容	程序说明
O0001；	程序名
G40 G97 G99 G21；	
T0101 S500 M03 F0.20；	粗车椭圆，1号外圆车刀，转速500r/min，进给量0.2mm/r
G00 X65.0 Z2.0 M08；	刀具快速移动到φ65mm，Z2位置，粗车循环点
G73 U6.0 R10.0；	粗车循环
G73 P100 Q200 U0.8 W0.02；	
N100 G00 G42 X53.02；	
G01 Z0.；	
♯1＝90.0；	椭圆起点处极角90°
N120 ♯2＝8.0＊SIN［♯1］；	公式中的X坐标值
♯3＝18.0＊COS［♯1］；	公式中的Z坐标值
♯4＝−2.0＊♯2＋69.0；	工件坐标系中的X坐标值
♯5＝♯3−0.；	各点在工件坐标系下的Z坐标值
G01 X♯4 Z♯5；	直线插补
♯1＝♯1＋1.5；	角度增量为1.5°
IF［♯1 LE 158.0］GOTO120；	条件判断，极角如图8-14所示
N200 G00 G40 X65.0；	
G00 X100.0；	
Z100.0；	
M05；	
T0202 S1200 M03 F0.1；	精车椭圆，2号外圆车刀，转速1200r/min，进给量0.1mm/r
G00 X65.0 Z2.0；	刀具快速移动到精车循环点
G70 P100 Q200；	
G00 X100. Z100.；	
M05；	
M09；	
M30；	

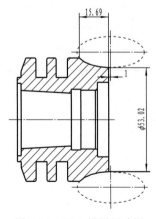

图 8-13　SC-3 椭圆尺寸图

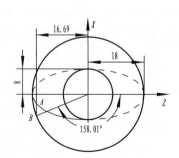

图 8-14　SC-3 椭圆极角图

2. SC-2 椭圆加工方案（余下工序）——粗、精车凹椭圆编程技巧

（1）以 SC-2 右端面为编程原点，IF 语句编程参考程序见表 8-8。

表 8-8　SC-2 椭圆 IF 语句编程参考程序

程序内容	程序说明
O0002;	程序名
G40 G97 G99 G21;	
T0101 S500 M03 F0.20;	粗车椭圆,1 号外圆车刀,转速 500r/min,进给量 0.2mm/r
G00 X65.0 Z2.0 M08;	刀具快速移动到 ϕ65mm,Z2 位置,粗车循环点
G73 U6.0 R10.0;	粗车循环
G73 P100 Q200 U0.8 W0.02;	
N100 G00 G42 X53.02;	
G01 Z0.;	
#1=1.0;	公式中的 Z 坐标值
N120 #2=8.0*SQRT[ABS[324.0−#1*#1]]/18.0;	公式中的 X 坐标值
#3=#1−1.0;	工件坐标系中的 Z 坐标值
#4=−2.0*#2+69.0;	工件坐标系中的 X 坐标值
G01 X#4 Z#3;	直线插补
#1=#1−0.5;	Z 坐标增量为递减 0.5mm
IF[#1GE−16.69]GOTO120;	条件判断语句,数值如图 8-15 所示
N200 G00 G40 X65.0;	
G00 X100.0;	
Z100.0;	
M05;	
T0202 S1200 M03 F0.1;	精车椭圆,2 号外圆车刀,转速 1200r/min,进给量 0.1mm/r
G00 X65.0 Z2.0;	刀具快速移动到精车循环点
G70 P100 Q200;	精车循环
G00 X100.0 Z100.0;	
M05;	
M09;	
M30;	

（2）以 SC-2 右端面为编程原点，极角编程参考程序见表 8-9。

表 8-9　SC-2 椭圆极角编程参考程序

程序内容	程序说明
O0002;	程序名
G40 G97 G99 G21;	
T0101 S500 M03 F0.20;	粗车椭圆,1 号外圆车刀,转速 500r/min,进给量 0.2mm/r
G00 X65.0 Z2.0 M08;	刀具快速移动到 ϕ65mm,Z2 位置,粗车循环点

程序内容	程序说明
G73 U6.0 R10.0;	粗车循环,粗车 10 次
G73 P100 Q200 U0.8 W0.02;	
N100 G00 G42 X53.02;	
G01 Z0.;	
#1=86.82;	椭圆起点处极角 86.82°,极角如图 8-16 所示
N120 #2=8.0*SIN[#1];	公式中的 X 坐标值
#3=18.0*COS[#1];	公式中的 Z 坐标值
#4=−2.0*#2+69.0;	工件坐标系中的 X 坐标值
#5=#3−1.0;	各点在工件坐标系下的 Z 坐标值
G01 X#4 Z#5;	直线插补
#1=#1+1.5;	极角角度增量为 1.5°
IF[#1LE157.98]GOTO120;	极角条件判断,终点极角如图 8-16 所示
N200 G00 G40 X65.0;	
G00 X100.0;	
Z100.0;	
M05;	
T0202 S1200 M03 F0.1;	精车椭圆,2 号外圆车刀,转速 1200r/min,进给量 0.1mm/r
G00 X65.0 Z2.0;	刀具快速移动到精车循环点
G70 P100 Q200;	
G00 X100. Z100.;	
M05;	
M09;	
M30;	

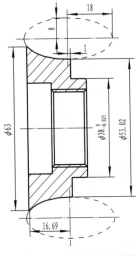

图 8-15 SC-2 椭圆尺寸图

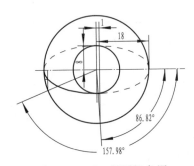

图 8-16 SC-2 椭圆极角图

九、部分程序编制与说明

刀具编号如表 8-10 所示。

表 8-10　刀具编号

外轮廓车刀 1	T0101——刀尖角 55°,R0.4mm
外轮廓车刀 2	T0202——刀尖角 35°,R0.4mm
外轮廓车刀 3	T0303——刀尖角 35°,左偏刀,R0.4mm
切槽刀	T0404——刀宽 4mm

1. SC-3 外槽程序

图 8-11 装夹图中,需车两个一样宽 6mm 的外圆槽,为了加工效率可采用手动切槽,也可采用编程切槽。鉴于槽比较深,易崩刀,可采用分层拓宽加工槽技术。参考程序采用子程序编程法,编程以图 8-11 配合件右端面中心为编程原点。程序如表 8-11 所示。

表 8-11　SC-3 切槽程序

程序内容	程序说明
O0003;	程序名
G40 G97 G99 G21;	程序初始化
T0404 S500 M03;	选择 4 号切槽刀,刀宽 4mm,左刀尖对刀,主轴 500r/min 正转
G00 X65.0;	
Z−14.0 M08;	切槽定位点
G01 X63.0;	刀具靠近外圆表面
M98 P200100;	调用切槽子程序(O0100)20 次
G01 X65.0;	退刀
Z−21.0;	
G01 X63.0;	
M98 P200100;	调用切槽子程序(O0100)20 次
G01 X65.0;	
G00 X100.0;	
Z100.0;	
M09;	切削液关
M05;	主轴停
M30;	程序结束
O0100;	切槽子程序
G01 U−1.0 F0.03;	切入
U1.0 F0.4;	退刀至 X 起点
W−2.0 F0.05;	右进刀
U−1.0 F0.03;	再次切入
W2.0 F0.05;	左进刀,平槽
M99;	子程序结束

2. SC-1 零件粗、精车端面弧 R8mm 程序

加工 SC-1 端面弧 R8mm 所用刀具为 35°刀尖角的左偏刀，由于端面弧深较浅，因此采用沿 R8mm 弧轮廓编制一段程序即可，程序如表 8-12 所示。R8mm 圆弧尺寸通过画图采点得到，见图 8-17。

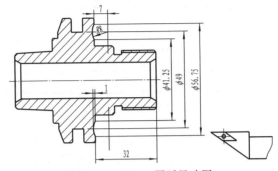

图 8-17　R8mm 圆弧尺寸图

表 8-12　端面圆弧程序

程序内容	程序说明
O0004;	程序名
G40 G97 G99 G21;	程序初始化
T0303 S800 M03 F0.10;	选择 4 号外圆左偏刀，主轴 800r/min 正转，进给量 0.10mm/r
G00 X65.0;	快速定位
Z−30.0 M08;	
G00 G41 X56.75;	
G01 Z−32.;	刀具靠近大端面
G03 X49. W−1.0 R8.0;	车圆弧 R8mm
G00 G40 Z100.0;	
X100.0;	
M05;	
M09;	
M30;	

十、编程及加工相关注意事项

① 加工端面圆弧左偏刀相当于内孔车刀，因此刀尖方位号在刀具补偿画面中应输入数字 2，编制程序时引入刀具左补偿 G41 指令。

② G71 指令内部不能采用宏程序指令进行编程。可采用 G73、G70 粗、精车循环指令，加工时，有些刀次是空行程，为了提高加工效率，可采用两种改进方法，一是对椭圆部分采用 CAD 软件画出相应的近似圆弧代替椭圆，用 G71 指令编程进行粗加工，然后再按照椭圆轨迹编制宏程序进行精加工，本例中由于椭圆部分较短，没有采用这种方法；二是采用粗车循环指令 G90 中嵌宏与修改 X 磨耗相结合的方法进行编程，读者可以参考其方法进行试编程加工。

③ 编制椭圆曲线程序时必需引入刀具圆弧半径补偿指令，并且保持待加工半径大于刀具圆弧半径原则。如表 8-5 中的程序段 #1=#1−0.5; 中的 0.5，如果小于刀具圆弧半径 0.4mm，那么在执行程序时系统会产生过切报警。

④ 编制槽加工程序时，对刀点为左刀尖，入槽点 Z 坐标要注意加上切槽刀刀宽。

延伸阅读

巧用宏程序加工椭圆

数控车床加工由椭圆曲线构成的回转体零件有一定的难度。一般运用直线逼近法（也叫拟合法）来进行加工。即把曲线看成是由许多小线段组成，加工时采取一定的步距，逐渐逼近椭圆。虽然采用造型，使用自动编程软件生成程序也可加工，但程序冗长，加工时间多，效率不高。如果我们能够灵活运用宏程序，不仅可以使程序减少，而且只需改变变量的值，即可以完成不同的加工和操作，同时也扩大了机床的加工范围。下面就结合自己的实践经验及心得，对 FANUC 0i 系统的数控车床加工椭圆的方法做详细论述，与大家交流分享。

采用宏程序编程有两种方法，一种是采用 A 类宏程序，另一种是采用 B 类宏程序。二者相比较，前者对于数控车编程比较烦琐，牵涉到引数赋值，多适应于数控铣床。后者比较简单实用，在这里主要介绍 B 类宏程序。

一、宏程序相关知识

（1）定义

一组以子程序的形式存储并带有变量的程序称为宏程序。

宏程序与普通程序相比，普通程序的程序字为常量，一个程序只能描述一个几何程序，缺乏灵活性和适用性。而宏程序可以使用变量编程，对这些变量赋值、运算等。

（2）变量

FANUC 系统的变量由符号 ♯ 和变量序号组成，如 ♯I（$I=1,2,\cdots$）。将跟在地址符后的数值用变量来代替的过程称为引用变量。例如"G01 X♯1 Y－♯2 F♯3；当 ♯1＝20.0，♯2＝50.0，♯3＝100"时，上式表示为 G01 X20. Y－50. F100. 。

（3）运算符

变量常用算术、逻辑运算和运算符。使用运算符如表 1 所示。

表 1　运算符定义

运算符	定义	举例	运算符	定义	举例
＝	等于	♯i＝♯j	TAN	正切	♯i＝TAN[♯j]
＋	求和	♯i＝♯j＋♯k	ATAN	反正切	♯i　ATAN[♯j]
－	求差	♯i＝♯j－♯k	SQRT	平方根	♯i＝SQRT[♯j]
＊	乘积	♯i＝♯j＊♯k	ABS	绝对值	♯i＝ABS[♯j]
／	除法	♯i＝♯j／♯k	ROUND	舍入	♯i＝ROUND[♯j]
SIN	正弦	♯i＝SIN[♯j]	FIX	上取整	♯i＝FIX[♯j]
ASIN	反正弦	♯i＝ASIN[♯j]	FUP	下取整	♯i＝FUP[♯j]
COS	余弦	♯i＝COS[♯j]	LN	自然对数	♯i＝LN[♯j]
ACOS	反余弦	♯i＝ACOS[♯j]	EXP	指数对数	♯i＝EXP[♯j]
OR	或运算	♯i＝♯j OR♯k	BIN	十-二进制转换	♯i＝BIN[♯j]
XOR	异或运算	♯i＝♯j XOR♯k	BCD	二-十进制转换	♯i＝BCD[♯j]
AND	与运算	♯i＝♯j AND♯k			

（4）控制指令

① IF［＜条件式＞］GOTOn（n＝顺序号）

条件式成立时，从顺序号 n 程序段开始向下执行，不成立时，执行下一个程序段。条件式种类如表 2 所示。

表 2　条件式种类

符号	意义	符号	意义
EQ	=	GT	>
NE	≠	LT	<
GE	≥	LE	≤

② WHILE［＜条件式＞］DO m（m＝顺序号）

……

ENDm

条件式成立时，从顺序号 m 程序段到程序段重复执行，不成立，则从 ENDm 下一个程序段执行。

③ 无条件转移（GOTOn）

例如：GOTO100 表示转移到 N100 程序段。

二、椭圆宏程序编程的具体应用实例解析

在数控车床上加工含椭圆形的零件，长半轴为 60mm，短半轴为 20mm；零件毛坯棒料 ϕ45mm，编写数控加工程序，如图 1 所示。

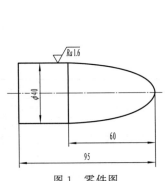

图 1　零件图

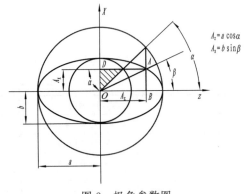

图 2　极角参数图

首先设置好编程原点，可设在右端面中心处。编程可选用四种方法。

（1）用 IF 语句编制

① 宏程序或参数编程可用下列变量进行运算

#1，椭圆公式中的 Z 坐标初始值；

#2，椭圆公式中的 X 坐标初始值（半径值）；

#3，椭圆在工件坐标系中的 Z 坐标值；

#4，椭圆在工件坐标系中的 X 坐标值（直径量），其值为 2×#2。

② 程序

```
O0001;
G97 G99 G40 G21;
T0101 S500 M03 F0.2;
G00 X42. Z2. ;                                粗加工循环点
G73 U20. R12. ;                               粗车循环
G73 P100 Q200 U0.8 W0.02;
N100 G42 G00 X0. ;                            引入刀具半径补偿
G01 Z0. ;
#1＝60. ;                                      公式中的 z 坐标值
N120 #2＝20. * SQRT[ABS[3600.－#1 * #1]]/60. ;  公式中的 x 坐标值
#3＝#1－60. ;                                   工件坐标系中的 z 坐标值
#4＝2. * #2;                                    工件坐标系中的 x 坐标值
G01 X#4 Z#3;                                   直线插补
#1＝#1－0.5;                                    z 坐标增量为递减 0.5mm
IF[#1GE0]GOTO120;                              条件判断
G01 Z－95. ;
G00 X42. ;

N200 G00 G40 X100. Z100. ;
M05;
T0202 S1200 M03 F0.1;                         精车转速 1200r/min,进给量 0.1mm/min
G00 G00 X42. Z2. ;
G70 P100 Q200;                                精车循环
M05;
M30;
```

说明：在这种方法中，采用 G73 进行粗加工，G70 进行精加工。

(2) 利用 WHILE 语句编程

```
O0002;                                        程序说明
...
#1＝60. ;
WHILE[#1GE0.]DO1;                             条件句,如果#1≥0,进行下列循环
#2＝20. * SQRT[ABS[3600.－#1 * #1]]/60. ;      公式中的 x 坐标值
#3＝#1－60. ;                                   工件坐标系中的 z 坐标初始值
#4＝2. * #2;                                    工件坐标系中的 z 坐标值
G01 X#4 Z#3;                                   直线插补
#1＝#1－0.5;                                    z 坐标步距增量
END1;                                         循环结束
...
```

(3) 利用极角编程

利用极角编程时，极角 α 为自变量，坐标"X"和"Z"是因变量。

① 编程过程中使用以下变量进行运算（图2）

♯1，极角 α；

♯2 = $b * \sin[\#1]$，椭圆极坐标系下 X 坐标；

♯3 = $a * \cos[\#1]$，椭圆极坐标系下 Z 坐标；

♯4，椭圆各点在工件坐标系下的 X 坐标；

♯5，椭圆各点在工件坐标系下 Z 坐标。

注意：①除了椭圆四分点处的极角等于几何角度外，其余各点均不相等。②α 为椭圆任一点的极角，β 为椭圆任一点的几何角度。

② 编写程序

```
O00003;                              程序说明
…
♯1＝0;                               椭圆起点处极角0°
N120 ♯2＝20.＊sin[♯1];               公式中的 X 坐标值
♯3＝60.＊cos[♯1];                    公式中的 Y 坐标值
♯4＝♯2＊2.;                          工件坐标系下的 X 坐标
♯5＝♯3－60.;                         各点在工件坐标系下的 Z 坐标值
G01 X♯4 Z♯5;                         直线拟合椭圆
♯1＝♯1＋1.;                          角度增量为1°
IF[♯1LE90]GOTO120;                   条件判断
…
```

(4) 嵌套语句

利用粗车循环指令 G90 中嵌宏与修改 X 磨耗相结合的方式。

① 粗加工程序（粗车磨耗留余量0.8mm）

```
O00004;                              程序说明
T0101;
M03 S500 F0.2;
G00 G42 X47. Z5.;
♯1＝20.;                             用♯1给 X 赋值
WHILE[♯1GE0]DO1;                     条件句,如果♯1≥0,进行下列循环
♯2＝60.＊SQRT[1－♯1＊♯1/400.];       由公式 z²/a²+x²/b²=1 推导出 z 的取值
♯3＝2＊♯1.;                          给♯3赋值
♯4＝♯2＋1.;                          给♯4赋值
G90 X[♯3]Z[♯4－60.];                 粗车循环
♯1＝♯1－1.5;                         步距 X 每次减小1.5mm
END1;                                循环结束
G00 X41.;
G01 Z－95.;
X50.;
G00 G40 Z80.;
M05;
M30;
```

② 精加工程序

```
O0005;
T0101;
M03 S1500  F0.15;
G00 G42 X47. Z2. ;
#1＝60. ;                                          用#1给 Z 赋值
WHILE[#1GE0. ]DO1;                                条件句,如果#1≥0,进行下列循环
#2＝40. * SQRT[ABS[3600.－#1*#1]]/60. ;            由公式 z²/a²＋x²/b²＝1 推导出 X 的取值
G01 X[#2] Z[#1－60. ];                            直线插补
#1＝#1－0. 5;                                      步距 X 每次减小 0.5mm
END1;                                             循环结束
G01 Z－95. ;
X50. ;
G00 G40 Z80. ;
M05;
M30;
```

以上几种方法具有各自的优缺点，粗车时 G73 适合范围广泛，但 G73 会产生大量的空切现象，导致加工时间长；G90 适用椭圆的粗加工，但是车削速度快，能够提高生产效率，但程序段多些；另外粗车还可用四心法，用圆弧代替曲线，将长半轴、短半轴加大尺寸，利用软件抓出圆弧点坐标，用 G71 编程，效果也不错。综上所述，对于椭圆加工方法很多，具体采取何种方法可以根据自己的编程习惯、工件要求而定，视实际情况灵活应用。只要大家掌握编程精髓，宏程序加工椭圆甚至其他曲线都不应是难题。

典型实例九

斜椭圆类综合类零件的加工

在近几年数控大赛试题中，非圆曲线斜椭圆的编程与加工时常出现。对于参赛选手，斜椭圆的编程及相关计算有一定的难度，笔者通过多次深入研究与试切，总结出斜椭圆宏程序系列编程方法，这些方法已经形成固定编程模板，通俗易懂，简单实用，便于大家理解。下面就以某数控大赛样题（FANUC0i 系统）为例对其工艺与编程加以详细说明。

一、零件图纸（图 9-1～图 9-10）

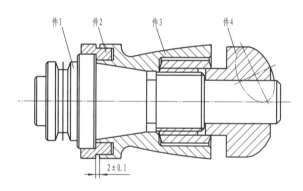

技术要求：
1. 件1与件4螺纹配合松紧适宜。
2. 件1与件3锥度配合涂色检查接触面积不小于70%。
3. 件1、件2、件3与件4装配成型。
4. 椭圆公式：$X^2/a^2 + Z^2/b^2 = 1$或 $X = \sin a, Z = \cos b$。

图 9-1　组合装配图

图 9-2　组合装配三维实体图

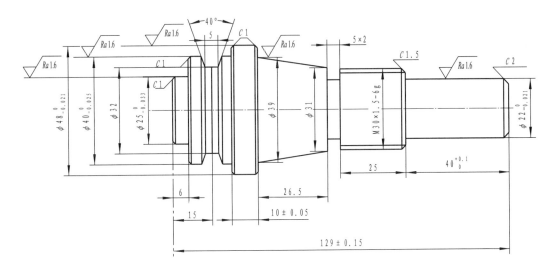

技术要求:

1. 锐边倒角 C0.5.

2. 未注公差按 GB/T 1804-m.

3. 不允许使用砂布、锉刀等修饰加工面.

图 9-3　件 1 零件图

图 9-4　件 1 三维实体图

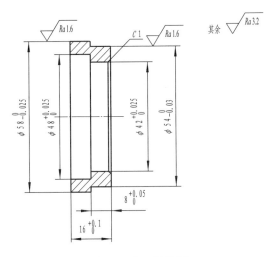

图 9-5　件 2 零件图

图 9-6　件 2 三维实体图

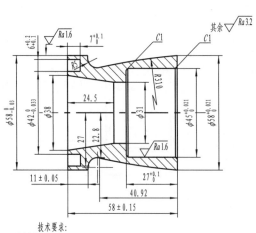

图 9-7　件 3 零件图

技术要求：
1. 锐边倒角C0.5。
2. 未注公差尺寸按GB/T 1804-m。
3. 不允许使用砂布、锉刀等修饰加工面。

图 9-8　件 3 三维实体图

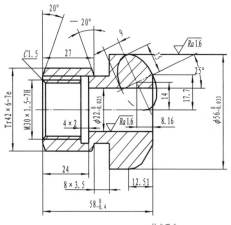

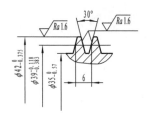

技术要求：
1. 锐边倒角C0.5。
2. 未注公差尺寸按GB/T 1804-m。
3. 不允许使用砂布、锉刀等修饰加工面。

图 9-9　件 4 零件图

图 9-10　件 4 三维实体图

二、图纸要求

① 毛坯尺寸：ϕ50mm×132mm、ϕ60mm×80mm、ϕ60mm×62mm。

② 零件材料：45 圆钢。

③ 加工时间：300min。

三、工量刃具清单

工量刃具清单见表 9-1。

表 9-1　工量刃具清单

序号	工具名称	规格/mm	数量
1	55°外圆车刀	25×25	1 把
2	35°外圆车刀	25×25	1 把
3	内孔镗刀	φ16	1 把
4	内槽刀	φ16	1 把
5	3mm 外圆切槽刀	25×25	1 把
6	内三角螺纹车刀	φ16 刀杆	1 把
7	外梯形螺纹车刀	25×25	1 把
8	端面槽刀	刀宽 3	1 把
9	麻花钻	φ20	1 支
10	中心钻	A2.5	1 支
11	莫氏变径套	2～5,带扁尾	1 套
12	游标卡尺	0～150	1 把
13	带表游标卡尺	0～150	1 把
14	外径千分尺	0～25、25～50、50～75	各 1 把
15	公法线千分尺	0～25、25～50	各 1 把
16	带表内卡规	35～55(0.01)	1
17	三针	尺寸待定	1 套
18	塞尺	0.02	1 把
19	螺纹环规	M30×1.5-6g	1 把
20	深度千分尺	0～25、25～50	各 1 把
21	内径百分表	φ13～50	1 套
22	杠杆百分表	0.01	1 套
23	磁性表座		1 个
24	钟面式百分表	10(0.01)	1 个
25	椭圆样板、R310 样板	自制	各 1 把
26	R 规	R5	1 套
27	常用工具	卡盘扳手、刀具扳手、套管、铜棒、鸡心夹头	1 套
28	铜皮	1	若干

四、评分标准

工件评分标准见表 9-2。

表 9-2　工件评分标准

序号	项目	技术要求	配分	评分标准	得分
1		$\phi 22_{-0.021}^{0}$mm，$Ra1.6\mu m$	1/1	超差不得分，降级不得分	
2		$\phi 48_{-0.021}^{0}$mm，$Ra1.6\mu m$	1/1	超差不得分，降级不得分	
3		$\phi 40_{-0.025}^{0}$mm，$Ra1.6\mu m$	1/1	超差不得分，降级不得分	
4		$\phi 32$mm，$Ra3.2\mu m$	1/1	超差不得分，降级不得分	
5		$\phi 25_{-0.033}^{0}$mm，$Ra1.6\mu m$	1/1	超差不得分，降级不得分	
6		M30×1.5-6g	4	超差不得分，降级不得分	
7	件1	$40_{0}^{+0.1}$mm	1	超差不得分	
8		129mm±0.15mm	1	超差不得分	
9		锥面，梯形槽	4	超差不得分	
10		C2	1	不合格不得分	
11		C1.5	3	不合格不得分	
12		C1	1	不合格不得分	
13		退刀槽 5mm×2mm	2	超差不得分	
14		$\phi 58_{-0.025}^{0}$mm，$Ra1.6\mu m$	2/1	超差不得分，降级不得分	
15		$\phi 48_{0}^{+0.025}$mm，$Ra3.2\mu m$	2/1	超差不得分，降级不得分	
16	件2	$\phi 42_{0}^{+0.025}$mm，$Ra3.2\mu m$	2/1	超差不得分，降级不得分	
17		$\phi 54_{-0.03}^{0}$mm，$Ra1.6\mu m$	2/1	超差不得分，降级不得分	
18		$8_{0}^{+0.05}$mm，$Ra3.2\mu m$	1	超差不得分，降级不得分	
19		$16_{0}^{+0.1}$mm	1	超差不得分	
20		C1	1	不合格不得分	
21		$\phi 58_{-0.03}^{0}$mm，$Ra1.6\mu m$	1/1	超差不得分，降级不得分	
22		$\phi 31$mm，$Ra3.2\mu m$	1/1	超差不得分，降级不得分	
23		$\phi 45_{0}^{+0.021}$mm，$Ra1.6\mu m$	1/1	超差不得分，降级不得分	
24		$R130$mm，$R5$mm	3	超差不得分	
25	件3	$27_{0}^{+0.1}$mm	1	超差不得分	
26		58mm±0.15mm	1	超差不得分，降级不得分	
27		内圆锥，$Ra3.2\mu m$	3	超差不得分，降级不得分	
28		C1	1	不合格不得分	
29		$\phi 56_{-0.033}^{0}$mm，$Ra1.6\mu m$	1/1	超差不得分，降级不得分	
30		$\phi 22_{-0.025}^{0}$mm，$Ra1.6\mu m$	1/1	超差不得分，降级不得分	
31		Tr42×6-7e	6/2	超差不得分，降级不得分	
32		M30×1.5-7H	4/2	超差不得分，降级不得分	
33		椭圆	2	超差不得分	
34	件4	$58_{-0.4}^{0}$mm	1	超差不得分	
35		24mm	1	超差不得分	
36		20°	1	超差不得分	
37		8mm×3.5mm	1	超差不得分	

续表

序号	项目	技术要求	配分	评分标准	得分
38		配合 2mm±0.10mm	5	超差不得分	
39	配合	螺纹配合	5	配合松紧适中	
40		椭圆处平滑连接	5	光滑得分	
41		总装成型	5	完全装配则得分	
总计					

五、设备要求

① 使用车床型号为 CAK6140。

② 数控系统采用 FANUC 0i MATE-TD。

③ 采用平床身四刀位四方刀架。

六、图纸分析

该例属于装配件加工类型，包含四个零件，最后装配成一体。其中，考核部分为内、外圆加工，内、外三角螺纹加工，端面槽配合加工，梯形螺纹加工，特形面及椭圆加工，内容很综合、很全面，因此加工起来难度较大。

从图纸看出，各个零件尺寸公差较小，直径公差最小为 0.021mm，精度较高，表面粗糙度为 $Ra3.2\sim1.6\mu m$，加工起来难以保证。图纸虽然没标注位置精度，但不能说明没有，在装配件已经隐含着形位要求，因此在工艺上要合理进行安排。

七、工艺安排

毛坯材料为 45 钢，该钢切削性能比较好，适用于加工，加工完的工件外观应该很美观，适于大赛。根据图纸给的毛坯总共三件，件 1（见图 9-3）利用毛坯一（见图 9-11）来加工，件 2（见图 9-5）、件 3（见图 9-7）利用毛坯二（见图 9-12）来加工。毛坯三（见图 9-13）加工件 4（见图 9-9）。总体工艺安排是先加工件 1，然后加工件 2 和件 3，件 3 曲面部分保留不加工，然后加工件 4，其中椭圆部分保留不加工；最后将四个零件装配好，采用一夹一顶的方式，加工两个保留部分。具体如下。

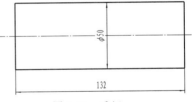

图 9-11　毛坯一

1. 件 1 加工方案（工序）

① 夹毛坯 $\phi50mm\times20mm$，平端面，钻中心孔。

② 粗车外圆 $\phi49mm\times107mm$。

③ 卸件，调头夹 $\phi49$ 外圆，磁力百分表找正，粗、精车外圆 $\phi48_{-0.021}^{0}mm$、$\phi40_{-0.025}^{0}mm$、$\phi25_{-0.033}^{0}mm$、$\phi32mm$，倒角 $C1$。

④ 粗、精车切梯形槽（40°）。

⑤ 卸件，调头垫铜皮于外圆 $\phi25_{-0.033}^{0}mm$ 处，一夹一顶，粗、精车外圆 $\phi22_{-0.021}^{0}mm$、

$\phi29.8$mm 和外锥部分，倒角 $C2$、$C1.5$、$C1$。

⑥ 切槽 5mm×2mm。

⑦ 粗、精车螺纹 M30×1.5-6g。

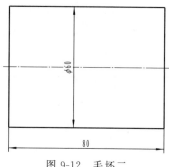

图 9-12　毛坯二　　　　　　　图 9-13　毛坯三

2. 件 2 加工方案（部分工序）

① 夹毛坯，车平端面，钻孔 $\phi20$mm（$\phi20$mm 钻头）。

② 粗、精车外圆 $\phi58_{-0.025}^{0}$mm、倒角 $C0.5$。

③ 粗、精车内孔 $\phi48_{0}^{+0.025}$mm、$\phi42_{0}^{+0.025}$mm，倒角 $C0.5$。

④ 车外圆 $\phi54_{-0.03}^{0}$mm。

⑤ 切断（长度 17mm 左右）。

件 2 暂停加工，卸件放在一边。

3. 件 3 加工方案（工序）

① 车平端面，钻通孔 $\phi20$mm（$\phi20$mm 钻头）。

② 粗车外圆 $\phi59$mm×45mm。

③ 粗、精车内孔 $\phi45_{0}^{+0.021}$mm、$\phi31$mm，倒角 $C1$。

④ 卸件，调头，夹外圆 $\phi59$mm×45mm 处，磁力百分表找正，车端面，控制总长 58mm±0.15mm。

⑤ 粗、精车端面槽（$\phi54_{-0.03}^{0}$mm、$\phi42_{-0.033}^{0}$mm）、内锥。

4. 件 4 加工方案（工序）

① 夹毛坯，车平端面，钻通孔 $\phi20$mm（$\phi20$mm 钻头）。

② 粗、精车外圆 $\phi42_{-0.375}^{0}$mm，倒角 $C1.5$。

③ 切螺纹退刀槽 8mm×3.5mm。

④ 粗、精车梯形螺纹 Tr42×6-7e。

⑤ 粗、精车内孔 $\phi28.5$mm、$\phi22_{-0.025}^{0}$mm，倒角 $C1$。

⑥ 车内三角螺纹退刀槽 4mm×2mm。

⑦ 粗、精车内三角螺纹 M30×1.5-7H。

件 4 暂停加工，卸件放在一边。

5. 装配加工方案

如图 9-1 所示，将件 1、件 2、件 3 及件 4 装配在一起，以件 1 外圆部分 $\phi25_{-0.033}^{0}$mm 和其右端面中心孔为定位基准，采用一夹一顶装夹方式，粗、精车件 3 圆弧 $R310$mm 和 $R5$mm 部分，粗、精车件 4 外圆 $\phi56_{-0.033}^{0}$mm 和椭圆部分。

八、加工技术及编程技巧

1. 斜椭圆编程

斜椭圆编程部分是个难点，这部分在这里做详细论述。

（1）斜椭圆坐标方程

① 一般方程　如图 9-14 所示，在 ZOX 坐标系中，点 $A(Z',X')$ 是原椭圆上一点，经绕中心 O 旋转 θ 后，得到点 $B(Z,X)$，B 在旋转后的椭圆上（斜椭圆），已知 $|OA|=|OB|=m$，$\omega=\theta+\lambda$，得出

$$\begin{cases} Z=m\cos\omega=m(\cos\lambda\cos\theta-\sin\lambda\sin\theta) \\ X=m\sin\omega=m(\sin\lambda\cos\theta+\cos\lambda\sin\theta) \end{cases} \tag{9-1}$$

在坐标系 ZOX 中，$Z'=m\cos\lambda$，$X'=m\sin\lambda$　（9-2）

由式(9-1)、式(9-2) 得出斜椭圆的一般方程

$$Z=Z'\cos\theta-X'\sin\theta, X=Z'\sin\theta+X'\cos\theta \tag{9-3}$$

如果椭圆中心偏离坐标原点，已知偏离后中心坐标 $O'(K,I)$，如图 9-15 所示，则斜椭圆的一般方程是

$$Z=Z'\cos\theta-X'\sin\theta-K, X=Z'\sin\theta+X'\cos\theta-I \tag{9-4}$$

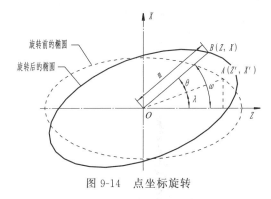

图 9-14　点坐标旋转

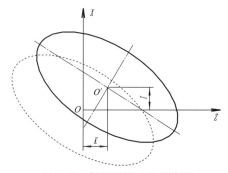

图 9-15　斜椭圆圆心坐标偏移

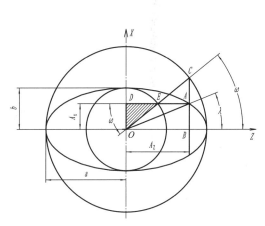

图 9-16　正椭圆极角关系图

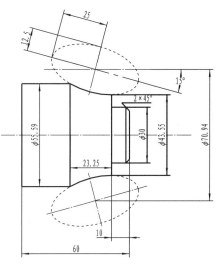

图 9-17　斜椭圆图纸

② 斜椭圆的参数方程　正椭圆极角图如图 9-16 所示，其中 ω 为椭圆任一点 $A(A_z, A_x)$ 的极角，λ 为椭圆任一点 A 的几何角度。由图中 $RT\triangle OBC$ 和 $RT\triangle EDO$，得出 $A_z = a\cos\omega$，$A_x = b\sin\omega$。代入式(9-4)，可得出斜椭圆的参数方程

$$Z = a\cos\omega\cos\theta - b\sin\omega\sin\theta - K, X = a\cos\omega\sin\theta + b\sin\omega\cos\theta - I \qquad (9\text{-}5)$$

又因为 $\tan\lambda = \dfrac{A_x}{A_z} = \dfrac{b}{a}\tan\omega$，所以 $\omega = \arctan\dfrac{a\tan\lambda}{b}$。

a. 椭圆旋转角 θ 的正负判断：正凸椭圆顺时针旋转 θ 为斜椭圆时，θ 为正值，逆时针旋转 θ 为斜椭圆时，θ 为负值；正凹椭圆逆时针旋转 θ 为斜椭圆时，θ 为正值，顺时针旋转 θ 为斜椭圆时，θ 为负值。

b. 斜椭圆极角 ω 正负判断：极角可通过软件采出其角度，斜凹椭圆极角为负值，即 $\omega < 0$。斜凸椭圆极角 $\omega > 0$。

③ 斜椭圆编程方法　斜椭圆编程方法常用的有两种。

a. 坐标旋转三角函数角度编程法（以下简称角度编程法）。编程思路为：♯1 为斜椭圆公式中的 Z 坐标初始值；♯2 为斜椭圆公式中的 X 坐标初始值；斜椭圆的一般方程；条件语句。

b. 坐标旋转三角函数、极角结合编程法（以下简称极角编程法）。编程思路为：♯1 为斜椭圆起始点极角；♯2 为斜椭圆终止点极角；斜椭圆的参数方程；条件语句。

（2）斜椭圆宏程序编程

斜椭圆图纸见图 9-17，零件简图如图 9-18 所示，用宏程序编制双斜凸椭圆部分程序。从零件图分析该椭圆方程为 $\dfrac{X^2}{9^2} + \dfrac{Y^2}{15^2} = 1$，在 ZOX 坐标系中，椭圆方程转化为 $\dfrac{Z^2}{9^2} + \dfrac{X^2}{15^2} = 1$。作出斜椭圆极角辅助图，如图 9-19 所示。图 9-20 为辅助图局部放大图，其中 C 为椭圆起始点，A 为终止点。

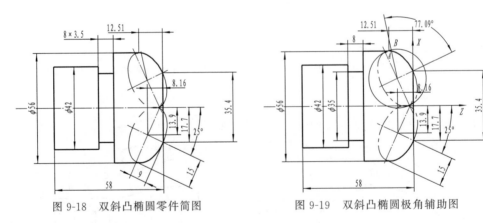

图 9-18　双斜凸椭圆零件简图　　　　　图 9-19　双斜凸椭圆极角辅助图

① 极角参考编程如图 9-20 所示，程序见表 9-3。

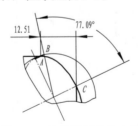

图 9-20　辅助图局部放大图

表 9-3　极角编程程序

程序内容	程序说明
O0001;	程序名
T0101 S500 M3 F0.2;	
G00 X58. Z2.;	
G73 U10. R10.;	粗车循环
G73 P10 Q30 U0.8 W0.;	
N10 G00 X35.4;	
G01 Z0.;	
#1=0.;	斜椭圆起点极角为 0°
#2=77.09;	斜椭圆终点极角为 77.09°
WHILE[#2GE#1]D02;	条件判断语句
#3=9.*cos[#1]*SIN[25.]+15.*sin[#1]*cos[25.];	根据斜椭圆参数方程式(9-5),写出工件坐标系的 X 坐标
#4=9.*cos[#1]*cos[25.]-15.*sin[#1]*sin[25.];	根据斜椭圆参数方程式(9-5),写出工件坐标系下的 Z 坐标
G01 X[2.*#3+27.798] Z[#4-8.16];	斜椭圆在工件坐标系下的直线插补
#1=#1+0.1;	Z 坐标步距增量为 +0.1mm
END2;	循环结束语句
N30 X58.;	
...	

② 角度编程法如图 9-21 所示,程序见表 9-4。

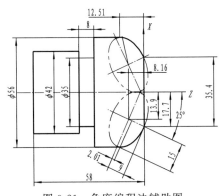

图 9-21　角度编程法辅助图

表 9-4　角度编程法程序

程序内容	程序说明
O0002;	程序名
T0101 S500 M3 F0.2;	
G00 X58. Z2.;	
G73 U10. R10.;	粗车循环
G73 P10 Q30 U0.8 W0.;	

续表

程序内容	程序说明
N10 G00 X35.4;	
G01 Z0.;	
#1=9.;	斜椭圆坐标系内,曲线起点 Z' 的值
N20 #2=15./9.*SQRT[9.*9.−#1*#1];	斜椭圆坐标系内,曲线起点 X' 的值
#3=#1*SIN[25.]+#2*cos[25.];	根据斜椭圆参数方程式(9-4),写出工件坐标系的 X 坐标
#4=#1*cos[25.]−#2*sin[25.];	根据斜椭圆参数方程式(9-4),写出工件坐标系下的 Z 坐标
G01 X[2.0*#3+27.798] Z[#4−8.16];	斜椭圆在工件坐标系下的直线插补
#1=#1−0.1;	Z 坐标步距增量为 -0.1mm
IF[#1GE2.008]GOTO20;	条件判断语句
N30 G00 X58.;	
…	

通过以上各种斜椭圆的案例,可以发现斜椭圆手工编程(宏程序)并不是很难,两种编程方法各有其特点,编程也有一定的技巧。如果掌握了编程思路,难点便迎刃而解。大家在编程时可以套用上述模式,但要注意凸凹斜椭圆旋转角度正负规定以及极角的正负规定,这也是斜椭圆编程的关键所在。

2. 加工技术

① 上述件 2 加工方案(部分工序)④车外圆 $\phi54_{-0.03}^{\ 0}$ mm,可以用切刀加工出。这样安排实际上是少了一次切断件 2 再调头装夹的安排,用以提高效率。

② 加工件 3 端面槽尺寸 $\phi54_{-0.03}^{\ 0}$ mm 要用带表内卡规进行测量,尺寸 $\phi42_{-0.033}^{\ 0}$ mm 用已加工完的件 2 作为基准件进行试配,测量时可以用公法线千分尺。

九、局部参考程序编制与说明

(1) 刀具编号如表 9-5 所示(为了以下编程说明需要)

表 9-5 刀具编号

外轮廓车刀	T0101——93°外圆仿形刀(刀尖角 55°),$R0.4$mm
切断刀	T0202——3mm 刀宽的切断刀
端面槽刀	T0303——3mm 刀宽的端面槽刀
外梯形螺纹车刀	T0404——螺距 $P=6$mm

(2) 局部参考程序

① 上述件 1 加工方案②参考程序见表 9-6,程序以毛坯右端面中心为编程原点。

表 9-6 件 1 加工参考程序

程序内容	程序说明
O0003;	
G40 G97 G99 S800 M03 F0.15;	主轴正转,程序初始化,粗车进给量 0.15mm/r
T0101;	调用 1 号外圆刀

续表

程序内容	程序说明
M08;	切削液开
G00 X52.0 Z2.0;	刀具快速靠近工件
G01 Z0.;	
X-0.5;	车右端面
G00 X100.0 Z100.0;	
X52.0 Z2.0;	刀具快速靠近工件至循环点
G90 X48.0 Z-107.0;	G90 外圆循环加工
G00 X100. Z100.;	
M05;	
M09;	切削液关
M30;	

② 上述件 1 加工方案③参考程序见表 9-7、表 9-8。

粗、精车梯形槽不能采用 1 号刀,根据已知条件采用 3mm 的切槽刀,利用左、右刀尖加工其左斜面和右斜面。为了提高加工效率,加工时先采用加工直槽(槽径自由公差可采用手动加工),再采用 G71、G70 循环指令加工左、右斜面,见图 9-22、图 9-23。

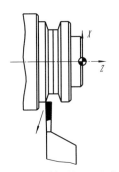

图 9-22 左斜面加工示意图

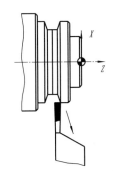

图 9-23 右斜面加工示意图

表 9-7 左斜面加工程序(左刀尖右端面对刀)

程序内容	程序说明
O0004;	
G40 G97 G99 S500 M03 F0.15;	主轴正转,程序初始化,粗车转速 500r/min 进给量 0.15mm/r
T0202;	调用 2 号切刀
M08;	切削液开
G00 X41.0;	刀具快速定位到粗车循环点
Z-16.0;	
G71 U0.5 R0.3;	毛坯粗车循环
G71 P10 Q20 W0.6 U0.5;	精加工余量 X 方向 0.6mm,Z 方向 0.5mm
N10 G00 X32.0;	
G01 Z-17.5;	
G01 X40.0 Z-18.96;	加工左斜面(利用 $Z = 4 \times \tan 20° + 17.5 = 18.96$ 计算出)
N20 G00 X41.0;	

续表

程序内容	程序说明
G00 X100.0 Z100.0;	退刀至安全点
M05;	
M00;	
T0202 S1500 M03 F0.10;	调 2 号刀,精车转速 1500r/min 进给量 0.10mm/r
G00 X41.0;	刀具快速定位到精车循环点
Z-16.0;	
G70 P10 Q20;	精车循环
G00 X100. Z100.;	
M05;	
M09;	
M30;	

表 9-8 **右斜面加工程序**（右刀尖右端面对刀）

程序内容	程序说明
O0005;	
G40 G97 G99 S500 M03 F0.15;	主轴正转,程序初始化,粗车转速 500r/min 进给量 0.15mm/r
T0202;	调用 2 号切刀
M08;	切削液开
G00 X41.0;	刀具快速定位到粗车循环点
Z-13.0;	
G71 U0.5 R0.3;	毛坯粗车循环
G71 P10 Q20 W0.6 U0.5;	精加工余量 X 方向 0.6mm,Z 方向 0.5mm
N10 G00 X32.0;	
G01 Z-12.5;	
X40.0 Z-11.04;	加工左斜面(利用 $Z=15-4 \times \tan 20° - 2.5 = 11.04$ 计算出)
N20 G00 X41.0;	
G00 X100.0 Z100.0;	退刀至安全点
M05;	
M00;	
T0202 S1500 M03 F0.10;	调 2 号刀,精车转速 1500r/min 进给量 0.10mm/r
G00 X41.0;	刀具快速定位到精车循环点
Z-12.5;	
G70 P10 Q20;	精车循环
G00 X100. Z100.;	
M05;	
M09;	切削液关
M30;	

③ 上述件 3 加工方案⑤参考程序（以件 3 左端面中心为编程原点）见表 9-9。

表 9-9　端面槽程序

程序内容	程序说明
O0006；	
G40 G97 G99 S500 M03 F0.05；	主轴正转，程序初始化，粗车进给量 0.05mm/r
T0303；	调用 3 号端面槽刀
M08；	
G00 X47.8；	刀具快速定位至端面槽加工循环点，对刀点为 A，留出双边余量
Z2.0；	0.2mm 左右
G74 R1.0；	切端面槽循环，Z 方向退刀量 1mm
G74 X41.7 Z−7.0 P300 Q500；	端面槽加工循环，X 方向移动量单边 0.3mm，Z 方向每次切深 0.5mm，留出双边余量 0.3mm 左右
G00 Z100.；	
M05；	
M09；	
M30；	

④ 上述件 4 加工方案④参考程序（以件 4 左端面中心为编程原点）见表 9-10。

表 9-10　外梯形螺纹程序

程序内容	程序说明
O0007；	程序名
G40 G97 G99 G21；	程序初始化
T0404 S100 M03；	选择 4 号梯形螺纹刀，刀宽 1.5mm，左刀尖对刀，主轴 100r/min 正转
G00 X42.0 Z8.0 M08；	刀具快速移动到 ϕ42mm，Z8 位置，冷却液开
♯1＝0；	梯形螺纹吃刀深度初始值
♯2＝0.5；	第一层梯形螺纹吃刀深度（双边）
N10♯1＝♯1−♯2；	螺纹吃刀深度减去每层螺纹吃刀深度
♯3＝♯1＋42.0；	每次径向到达的切削位置
G00 X[♯3]；	径向进刀
G32 Z−32.0 F6.；	车削梯形螺纹
G00 X[♯3＋10.0]；	径向退刀
Z7.786；	轴向左进刀
G00 X[♯3]；	径向进刀
G32 Z−32.0 F6.0；	车削梯形螺纹
G00 X[♯3＋10.0]；	径向退刀
Z8.214；	轴向右进刀
G00 X[♯3]；	径向进刀
G32 Z−32.0 F6.；	车削梯形螺纹
G00 X[♯3＋10.0]；	径向退刀

续表

程序内容	程序说明
Z8.0；	轴向退刀
IF［＃1GT－3.0］GOTO10；	如果＃1大于－3mm，则跳转到N10
＃2＝0.3；	第二层梯形螺纹吃刀深度（双边）
IF［＃1GT－6.0］GOTO10；	如果＃1大于－6mm，则跳转到N10
＃2＝0.1；	第三层梯形螺纹吃刀深度（双边）
IF［＃1GT－6.8］GOTO10；	如果＃1大于－6.8mm，则跳转到N10
G00 X100.；	
Z100.；	
M05；	
M00；	暂停，测量
S50 M03；	精加工，转速 50r/min
G00 X42.0 Z8.0；	刀具快速定位
＃2＝0.05；	第四层梯形螺纹吃刀深度（双边）
IF［＃1GT－7.0］GOTO10；	如果＃1大于－7mm，则跳转到N10
G00 X100.；	
Z100.；	
M05；	
M09；	
M30；	

十、编程及加工相关注意事项

① 用切刀加工梯形槽时不能一刀加工左、右斜面，因为左、右斜面余量较大，切槽刀刚性差，承受的切削力不能过大。

② 如果只是加工一刀外圆时，可用 G90 简化程序，如表 9-4 所示。

③ 加工件 4 内槽时可利用面板坐标手动切槽，也可以简单编程切槽，由于槽窄，最好采用手动切槽，在孔口边缘进行试切，用以提高效率。

④ 由于工件三角螺纹螺距为 1.5mm，螺距较小，编程时可用 G92 指令编程，进刀方式为直进法进刀。

典型实例十

内、外双椭圆配合类零件的加工

一、图纸（图 10-1～图 10-3）

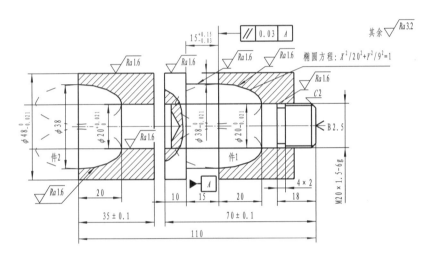

椭圆方程：$X^2/20^2+Y^2/9^2=1$

技术要求

1. 工件表面毛倒棱。

2. 涂色检查球孔及锥孔各自接触面积不得小于60%。

3. 锥面与圆弧面过渡光滑。

图 10-1　组合零件图

图 10-2　零件图 1 三维实体图

图 10-3　零件图 2 三维实体图

二、图纸要求

① 毛坯尺寸：$\phi50\mathrm{mm}\times112\mathrm{mm}$。
② 零件材料：45 圆钢。
③ 加工时间：300min。

三、工量刃具清单

工量刃具清单见表 10-1。

表 10-1 工量刃具清单

序号	名称	规格/mm	数量	备注
1	游标卡尺	0～150(0.02)	1	
2	千分尺	0～25,25～50(0.01)	1	
3	百分表	0～10(0.01)	1	
4	磁性表座		1	
5	内径百分表	18～35(0.01)	1	
6	螺纹环规	M20×1.5-6g	1	
7	外圆车刀	93°外圆仿形刀(刀尖角 35°)	1	刀尖圆弧 $R0.4\mathrm{mm}$，机夹涂层刀片
8	外圆车刀	93°外圆仿形刀(刀尖角 55°)	1	刀尖圆弧 $R0.4\mathrm{mm}$，机夹涂层刀片
9	内孔车刀	$\phi12$ 盲孔	1	刀尖圆弧 $R0.4\mathrm{mm}$，机夹涂层刀片
10	切槽刀	刀宽 3	1	机夹涂层刀片
11	外螺纹刀		1	机夹涂层刀片
12	麻花钻	$\phi16$	1	
13	中心钻	$\phi2.5$	1	
14	附具	莫氏钻套、钻夹头、活顶尖	各1	
15	其他	铜棒、铜皮、垫片、毛刷等常用工具		选用

四、评分标准

评分标准见表 10-2。

表 10-2 评分标准

工件编号		总得分				
项目与配分	序号	技术要求	配分	评分标准	检测记录	得分
件 1(44%)	1	$\phi48_{-0.021}^{0}\mathrm{mm}$	4	超差 0.01mm 扣 1 分		
	2	$\phi38_{-0.021}^{0}\mathrm{mm}$	4	超差 0.01mm 扣 1 分		
	3	$\phi20_{-0.021}^{0}\mathrm{mm}$	4	超差 0.01mm 扣 1 分		

工件编号				总得分			
项目与配分	序号	技术要求	配分	评分标准	检测记录	得分
件1(44%)	4	M20×1.5-6g	4	超差0.01mm扣1分		
	5	非圆曲线	8	超差全扣		
	6	外圆槽4mm×2mm	2×2	超差全扣		
	7	70mm±0.10mm	4	超差0.02mm扣1分		
	8	一般尺寸及倒角	4	每错一处扣1分		
	9	$Ra1.6\mu m$	4	达不到全扣		
	10	$Ra3.2\mu m$	4	达不到全扣		
件2(27%)	11	$\phi48_{-0.021}^{0}$mm	4	超差0.01mm扣1分		
	12	$\phi20_{0}^{+0.021}$mm	4	超差0.01mm扣1分		
	13	35mm±0.10mm	4	超差0.02mm扣1分		
	14	非圆曲线	8	超差全扣		
	15	一般尺寸及倒角	3	每错一处扣1分		
	16	$Ra1.6\mu m$	2	达不到全扣		
	17	$Ra3.2\mu m$	2	达不到全扣		
组合(20%)	18	接触面积≥60%	5×2	超差一处扣4分		
	19	$15_{-0.03}^{+0.15}$mm	3	超差0.02mm扣1分		
	20	平行度0.03mm	5	超差0.01mm扣2分		
其他(9%)	21	工件按时完成	5	未按时完成全扣		
	22	工件无缺陷	4	缺陷扣3分/处		
	23	程序与工艺合理	倒扣	每错一处扣2分		
	24	机床操作规范		出错1次扣2~5分		
	25	安全操作		停止操作或酌扣5~20分		

五、图纸分析

图10-1是个数控车工高级职业技能鉴定试题,考核点是内、外双椭圆的编程与加工,内螺纹编程与加工及工件合理工艺路线的制定。难点是内、外双椭圆的编程与加工,平行度的保证。该零件毛坯为$\phi50$mm×112mm,要求一根毛坯做两件,切掉后进行椭圆配合;该零件基准为件1外圆$\phi48_{-0.021}^{0}$mm的右台阶面,件2外圆$\phi48_{-0.021}^{0}$mm左端面与基准A有平行度0.03mm的要求;内、外双椭圆的编程与加工可以采用CAM自动编程软件造型加工,也可以采用宏程序编程加工。

六、设备要求

使用车床型号为CAK4085;数控系统采用FANUC 0i MATE-TC;采用四刀位四方刀架。

七、工艺路线制定与安排

1. 总体加工方案分析

根据毛坯要求，先加工件 1 所有部位，再调头加工件 2 所有部位，最后切断。

2. 工序安排

工序 1：夹毛坯（长 40mm 左右），手动平端面。

工序 2：粗、精车件 1 外圆 $\phi48_{-0.021}^{0}$ mm、$\phi38_{-0.021}^{0}$ mm、$\phi20_{-0.021}^{0}$ mm、$\phi19.8$mm。

工序 3：粗、精车外椭圆。

工序 4：切槽 4mm×2mm。

工序 5：粗、精车外螺纹 M20×1.5-6g。

工序 6：卸件，调头装夹外圆 $\phi38_{-0.021}^{0}$ mm 处，平端面，控制总长 110mm。

工序 7：钻孔 $\phi16$mm。

工序 8：粗、精车件 2 外圆 $\phi48_{-0.021}^{0}$ mm。

工序 9：粗、精车内孔 $\phi20_{-0.021}^{0}$ mm。

工序 10：粗、精车内椭圆。

工序 11：切断，形成件 1、件 2。

八、椭圆编程技巧

（1）件 1 外椭圆参考程序

如表 10-3 所示，编程原点为工件右端面中心。

表 10-3　外椭圆参考程序

程序内容	程序说明
O0001；	程序名
G40 G97 G99 G21；	
T0101 S500 M03 F0.20；	粗车椭圆，1 号外圆车刀，转速 500r/min，进给量 0.2mm/r
G00 X50.0 Z−25.0 M08；	刀具快速移动到 $\phi50$mm，$Z25.0$ 位置，粗车循环点
G73 U9.0 R6.0；	粗车循环
G73 P100 Q200 U0.8 W0.02；	
N100 G00 X20.0；	
#1=20.0；	公式中的 Z 坐标值
N120 #2=9.0 * SQRT[ABS[400.−#1 * #1]]/20.0；	公式中的 X 坐标值
#3=#1−45.0；	工件坐标系中的 Z 坐标值
#4=2.0 * #2+20.0；	工件坐标系中的 X 坐标值
G01 X#4 Z#3；	直线插补
#1=#1−0.5；	Z 坐标增量为递减 0.5mm
IF[#1GE0.]GOTO120；	条件判断语句
N200 G00 X50.0；	

程序内容	程序说明
G00 X100.0;	
Z100.0;	
M09;	
M05;	
T0202 S1200 M03 F0.1;	精车椭圆,2号外圆车刀,转速 1200r/min,进给量 0.1mm/r
G00 G42 X50.0 Z−25.0;	刀具快速移动到精车循环点
G70 P100 Q200;	精车循环
G00 G40 X100.0 Z100.0;	
M05;	
M30;	

（2）件2内椭圆宏程序（工序9）

见表10-4，编程原点为件2右端面中心，如图10-4所示。

由于G71指令内部不能嵌套宏程序，为了增加粗车效率，因此本案例内椭圆粗车宏程序的走刀路线采取的是和G71指令的走刀路线相类似的路线，用宏变量编制出；而精车走刀路线采用的是直线拟合法。

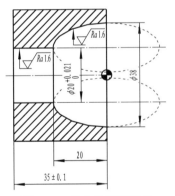

图 10-4　件 2 的编程原点

表 10-4　内双椭圆参考程序

程序内容	程序说明
O0002;	程序名
G40 G97 G99 G21;	
T0101 S500 M03 F0.20;	粗车椭圆
G00 X18.0 Z7.0 M08;	粗车起点
#1=0.;	公式中的 X 向坐标初始值 0
N100 #2=−20.*SQRT[1.0−#1*#1/81.];	公式中的 Z 坐标值
#3=#2+0.3;	Z 向留 0.3mm 精车余量
#4=2.0*#1+20.0;	工件坐标系中的 X 坐标值
G01 X#4;	X 向进刀

续表

程序内容	程序说明
Z#3;	Z 向直线进给车削
U−2. W1.0;	斜向退刀
G00 Z7.0;	Z 向直线快速退刀
#1=#1+0.5;	X 变量递增 0.5mm
IF[#1LE 9.0]GOTO100;	条件判断语句
G00 X100. Z100. ;	
M05;	
T0101 S1000 M03 F0.1;	精车椭圆部分
G00 G41 X18.0 Z7.0;	引入刀具半径左补偿
#5=9.0;	公式中的 X 向坐标初始值
N200 #6=−20. * SQRT[1−[#5 * #5/81.]];	公式中的 Z 坐标值
#7=#6+0. ;	工件坐标系中的 Z 坐标值(椭圆加工起点为椭圆中心)
#8=#5 * 2.0+20.0;	工件坐标系中的 X 坐标值
G01X#8 Z#7;	直线插补
#5=#5−0.05;	Z 坐标增量为递减 0.05mm
IF[#5GE0.]GOTO200;	条件判断语句
G00 X18.0;	
G40 Z100.0;	
M09;	
M05;	
M30;	

九、程序编制与说明

采用 CAM 软件 CAXA 数车 2013 进行编程（也可手工编程，本例题略）。

（1）加工刀具编号（表 10-5）

表 10-5　加工刀具编号

外轮廓粗车刀	T0101——93°外圆仿形刀(刀尖角 35°)，R0.4mm
外轮廓精车刀	T0202——93°外圆仿形刀(刀尖角 35°)，R0.4mm
切断刀	T0303——3mm 切槽刀
内孔车刀	T0404——φ16mm
外螺纹刀	T0505——25mm×25mm

打开 CAXA2013 软件，单击主菜单数控车中的刀具库管理，系统弹出刀具库管理对话框，点增加刀具按钮，增加 T0101 号外轮廓粗车刀、T0202 号外轮廓精车刀、T0303 号切槽刀、T0404 号内孔刀、T0505 号外螺纹刀，各项参数如图 10-5～图 10-9 所示。

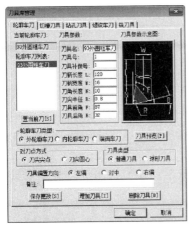

图 10-5　增加 93°外圆粗车刀

图 10-6　增加 93°外圆精车刀

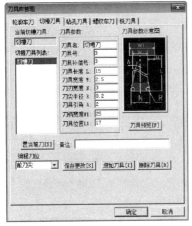

图 10-7　增加 3mm 切槽刀

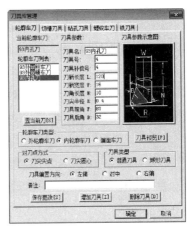

图 10-8　增加内轮廓车刀

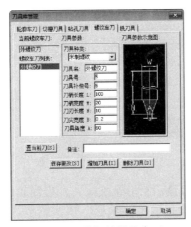

图 10-9　增加外螺纹车刀

（2）生成件 1 右端外轮廓（外圆 $\phi 48_{-0.021}^{0}$ mm、$\phi 38_{-0.021}^{0}$ mm、$\phi 20_{-0.021}^{0}$ mm、$\phi 19.8$ mm）轨迹

① 绘出件 1 外轮廓的造型，如图 10-10 所示。

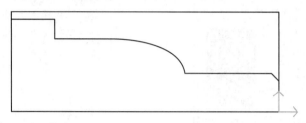

图 10-10　粗、精车外圆的加工造型

② 填写粗车参数表。单击主菜单中数控车轮廓粗车，弹出粗车对话框，填写粗车加工参数表，如图 10-11 所示。

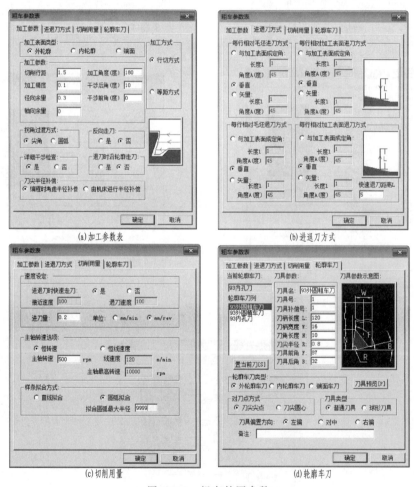

(a)加工参数表　　　　　　　　(b)进退刀方式

(c)切削用量　　　　　　　　(d)轮廓车刀

图 10-11　粗车外圆参数

点击确定按钮，系统提示栏显示拾取被加工工件表面轮廓，选择单个拾取，依次拾取轮廓线，按右键，系统提示栏显示拾取毛坯轮廓，依次拾取，系统提示栏显示输入进退刀点（自定），回车，生成外轮廓粗车轨迹，如图 10-12 所示，隐藏粗车轨迹线。

③ 填写精车参数表。单击主菜单中数控车轮廓精车，弹出精车对话框，填写精车加工参数表，如图 10-13 所示。

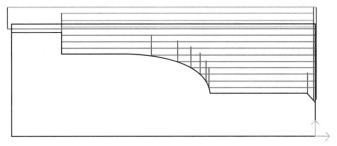

图 10-12　外轮廓粗车轨迹

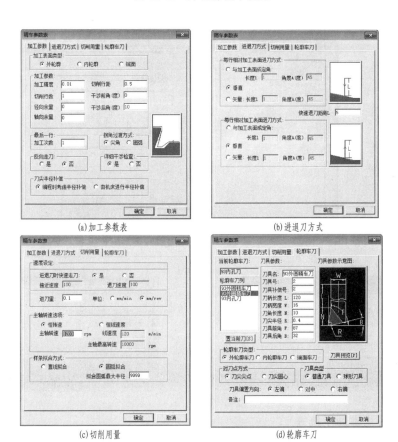

(a)加工参数表　　　　　　　　　　　　(b)进退刀方式

(c)切削用量　　　　　　　　　　　　(d)轮廓车刀

图 10-13　精车外圆参数

　　点击确定按钮，系统提示栏显示拾取被加工工件表面轮廓，选择单个拾取，依次拾取轮廓线，按右键，系统提示栏显示输入进退刀点（自定），回车，生成外轮廓粗车轨迹，如图 10-14 所示，隐藏精车轨迹线。

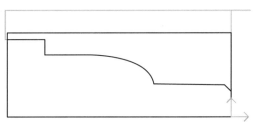

图 10-14　外轮廓精车轨迹

④ 外轮廓粗、精车程序。显示外轮廓粗车轨迹，单击主菜单中的代码生成，弹出对话框，如图 10-15 所示，单击确定，系统提示拾取刀具轨迹，拾取外轮廓粗加工刀具轨迹，单击鼠标右键，生成外轮廓粗加工程序，如图 10-16 所示。内轮廓程序生成与外轮廓粗加工程序过程类同，不再赘述，程序如图 10-17 所示。

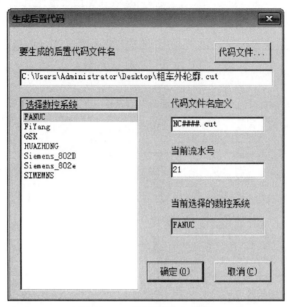

图 10-15　后置代码文件名

图 10-16　外轮廓粗加工程序

图 10-17　外轮廓精加工程序

（3）生成外沟槽加工轨迹

① 轮廓建模，如图 10-18 所示。

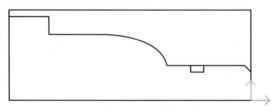

图 10-18　外沟槽加工造型

② 填写参数表。单击主菜单数控车中的切槽，系统弹出切槽参数表对话框，填写各项参数，如图 10-19 所示。

③ 生成切槽加工轨迹。根据状态栏提示，拾取被加工工件表面轮廓线，输入进退刀点，生成轨迹，如图 10-20 所示。

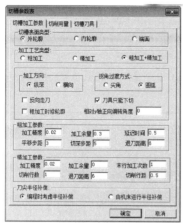
(a)切槽加工参数表

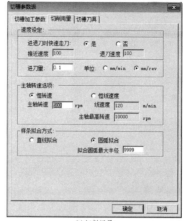
(b)切削用量

(c)切槽刀具

图 10-19　切槽参数表

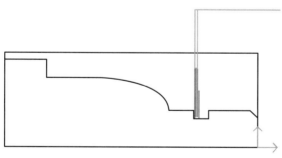

图 10-20　切槽加工轨迹

④ 外槽程序的生成。外槽加工程序如图 10-21 所示。

（4）生成外螺纹轨迹

① 绘出外螺纹加工造型，如图 10-22 所示。螺纹两端各延出 2mm（大于一个螺距）。

② 填写参数表。单击主菜单数控车中的车螺纹，状态栏提示拾取螺纹起始点，依次拾取 1 点、2 点。系统弹出螺纹参数表对话框，依次填写各项参数，如图 10-23 所示。

③ 生成外螺纹轨迹。上步确定后，状态栏提示"输入进退刀点"，自定点后，生成车螺纹轨迹，如图 10-24 所示。

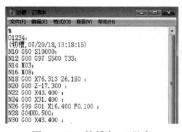

图 10-21　外槽加工程序

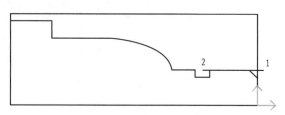

图 10-22　车外螺纹加工造型

(a)螺纹参数

(b)螺纹加工参数

(c)进退刀方式

(d)切削用量

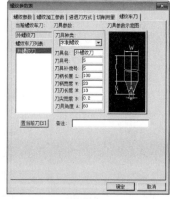

(e)螺纹车刀

图 10-23　螺纹参数表

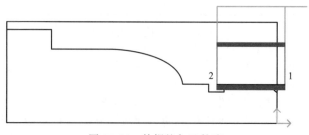

图 10-24　外螺纹加工轨迹

④ 外螺纹程序的生成。外螺纹程序如图 10-25 所示。

（5）生成件 2 内轮廓轨迹

① 绘出件 2 内轮廓造型，如图 10-26 所示。

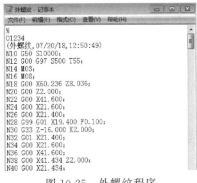

图 10-25 外螺纹程序

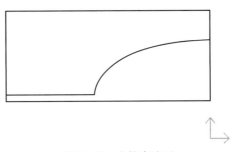

图 10-26 内轮廓造型

② 填写粗车参数表。单击主菜单中数控车轮廓粗车，弹出粗车对话框，填写粗车加工参数表，如图 10-27 所示。

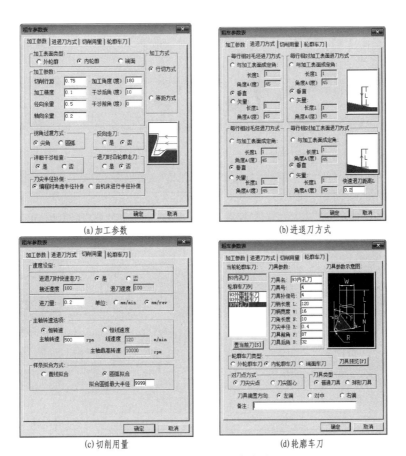

(a) 加工参数

(b) 进退刀方式

(c) 切削用量

(d) 轮廓车刀

图 10-27 粗车内轮廓参数

点击确定按钮，系统提示栏显示拾取被加工工件表面轮廓，选择单个拾取，依次拾取轮廓线，按右键，系统提示栏显示拾取毛坯轮廓，依次拾取，系统提示栏显示输入进退刀点（自定），回车，生成内轮廓粗车轨迹，如图 10-28 所示，隐藏粗车轨迹线。

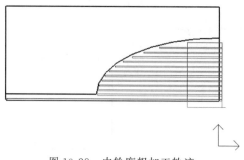

图 10-28　内轮廓粗加工轨迹

③ 填写精车参数表。单击主菜单中数控车轮廓精车，弹出精车对话框，填写精车参数表，如图 10-29 所示。

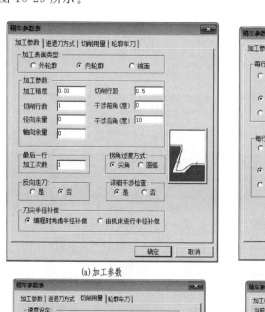

(a)加工参数

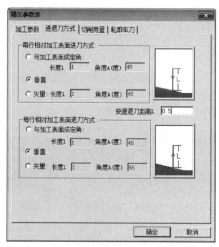

(b)进退刀方式

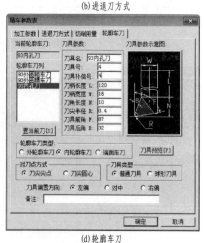

(c)切削用量

(d)轮廓车刀

图 10-29　精车内轮廓参数

点击确定按钮，系统提示栏显示拾取被加工工件表面轮廓，选择单个拾取，依次拾取轮廓线，按右键，系统提示栏显示输入进退刀点（自定），回车，生成内轮廓精车轨迹，如图 10-30 所示，隐藏精车轨迹线。

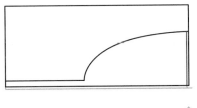

图 10-30　内轮廓精加工轨迹

④ 内轮廓参考程序。内轮廓粗、精车程序见图 10-31、图 10-32。

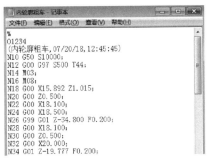

图 10-31　内轮廓粗车程序

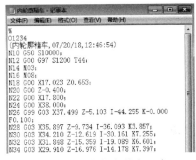

图 10-32　内轮廓精车程序

（6）造型及编程注意事项

① 使用轮廓粗车功能时，加工轮廓与毛坯轮廓需构成封闭区域，被加工轮廓和毛坯轮廓不能单独闭合或自交。

② 生成加工轨迹后应进行模拟，以检查加工轨迹的正确性。

③ 由于所使用的数控系统规则与软件的参数设置有些差异，生成的加工程序需要进一步修改，以满足加工要求，特别是开头部分。例如图 10-31 的程序改动为图 10-33 的程序。

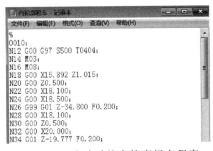

图 10-33　改动后的内轮廓粗车程序

典型实例十一

端面矩形螺纹类零件的加工

一、零件图纸（图 11-1）

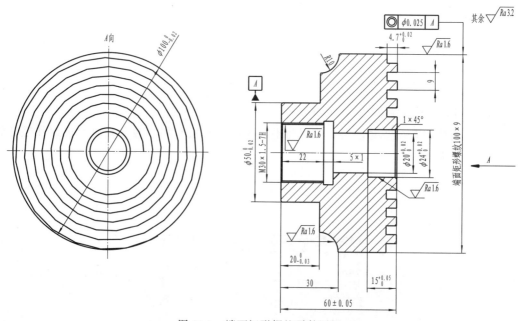

图 11-1 端面矩形螺纹零件图纸

二、图纸要求

① 毛坯尺寸：$\phi102\text{mm}\times62\text{mm}$。

② 零件材料：45 圆钢。

③ 加工时间：180min。

三、工量刃具清单

工量刃具清单见表 11-1。

表 11-1 工量刃具清单

序号	名称	规格/mm	数量	备注
1	游标卡尺	0～150(0.02)	1	
2	千分尺	25～50(0.01)	1	
3	百分表	0～10(0.01)	1	
4	磁性表座		1	
5	内径百分表	18～35(0.01)	1	
6	外圆车刀	93°外圆仿形刀(刀尖角55°)	1	刀尖圆弧 $R0.4$mm，机夹涂层刀片
7	内孔车刀	$\phi16$ 盲孔	1	刀尖圆弧 $R0.4$mm，机夹涂层刀片
8	端面螺纹刀	刀宽 4	1	机夹涂层刀片
9	内切槽刀	刀宽 3	1	机夹涂层刀片
10	麻花钻	$\phi16$	1	
11	中心钻	$\phi2.5$	1	
12	内螺纹刀	$\phi16$	1	机夹涂层刀片
13	螺纹塞规	M30×1.5-7H	1	
14	附具	莫氏钻套、钻夹头	各 1	
15	其他	铜棒、铜皮、垫片、毛刷等常用工具		选用

四、图纸分析

端面矩形螺纹又称平面螺纹或涡形螺纹，在机械行业中应用较广泛，如三爪自定心卡盘，见图 11-2。这种螺纹不同于普通螺纹，其刀具运动轨迹是一条在工件端面的阿基米德螺旋线。由于在工件端面进行螺纹车削，所以增加了加工难度。图 11-1 是一个综合性工件，该零件由孔、内螺纹、端面螺纹等形状组成，尺寸精度、表面粗糙度要求都很高。其中加工难点有两个，一是端面螺纹的车削及尺寸保证，二是同轴度 $\boxed{\odot \ \phi 0.025 \ A}$ 的保证。

图 11-2 三爪卡盘端面螺纹

五、设备要求

使用车床型号为 CAK6140；数控系统采用 FANUC 0i MATE-TD；采用平床身四刀位四方刀架。

六、工艺路线制定与安排

1. 总体加工方案分析

该零件采用三爪自定心卡盘装夹，根据毛坯尺寸，应先加工左部外圆 $\phi 50_{-0.02}^{\ 0}$ mm、$R10$mm、

M30×1.5-7H，然后调头软夹爪装夹外圆 $\phi 50^{0}_{-0.02}$ mm 处，加工右部所有需加工部位。

2. 工序安排

工序 1：夹毛坯，手动车端面，钻通孔 $\phi 16$ mm。

工序 2：粗、精加工 $\phi 50^{0}_{-0.02}$ mm，$R10$ mm。

工序 3：粗、精加工内孔 $\phi 28.5$ mm。

工序 4：车内槽 5mm×1mm。

工序 5：粗、精车内螺纹 M30×1.5-7H。

工序 6：卸件，换软卡爪，夹外圆 $\phi 50^{0}_{-0.02}$ mm，平端面，控制总长 60mm±0.05mm。

工序 7：粗、精车外圆 $\phi 100^{0}_{-0.02}$ mm。

工序 8：粗、精车端面矩形螺纹 100mm×9mm。

七、加工技术难点及编程技巧

1. 端面矩形螺纹刀具

加工端面螺纹刀具可选择数控机夹刀和手磨高速钢刀。

（1）手磨高速钢刀

手磨高速钢刀一定要考虑端面螺纹车刀的几何角度并磨出合适的几何角度，才能车削出正确的端面矩形螺纹来。

（2）端面螺纹的几何参数计算及选用

根据表 11-2 及图 11-3，计算出端面螺纹的相关几何参数。

表 11-2　矩形螺纹各部分尺寸计算公式

基本参数符号	计算公式
牙型角 α	$\alpha = 0°$
牙形高度 h	$h = 0.5P + a_c$
螺纹大径 d	公称直径
螺纹中径 d_2	$d_2 = d - h$
螺纹小径 d_1	$d_1 = d - 2h$
螺纹槽宽 b	$b = 0.5P + (0.02 \sim 0.04)$
外螺纹牙宽 a	$a = P - b$
牙顶间隙 a_c	视螺距 P 大小取 0.1～0.2mm

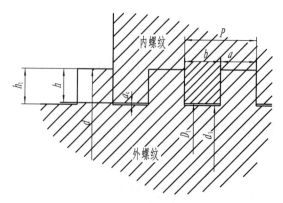

图 11-3　矩形螺纹牙型

① 已知 $P=9\text{mm}$，刀头长度 $L=0.5P+(2\sim4)\text{mm}$，所以 $L=0.5\times9+(2\sim4)=6.5\sim8.5(\text{mm})$。

② 车刀纵向前角取 $12°\sim16°$（钢料），纵向后角为 $6°\sim8°$。

③ 螺纹中径为 $d_2=d-h=d-(0.5P+a_c)=100-4.7=95.3(\text{mm})$，所以 $\tan\varphi=nP/\pi d_2=9/(3.14\times95.3)=0.03$，$\varphi=1.7°$，其中 φ 为螺纹升角，n 为螺纹线数。

④ 端面螺纹车刀左后角 $\alpha_{oL}=(3°\sim5°)+\varphi=4.7°\sim6.7°$。右后角 $\alpha_{oR}=(3°\sim5°)-\varphi=1.3°\sim3.3°$。

在车削端面螺纹时，端面螺纹刀的两侧后角如图11-4所示。在由外向内车削端面螺纹时，刀具的车削前进方向的后角（一般指右侧后角）实际是相当于车削外圆，在满足刀具强度的情况下后角选择 $2.3°\sim4.3°$；刀具的车削前进反方向的后角（一般指左侧后角）实际是相当于车削内孔，后角选择 $4.7°\sim6.7°$，为了增加强度且不发生干涉，端面螺纹刀左侧刃按照端面圆弧大小刃磨成圆弧状，如图11-5所示。

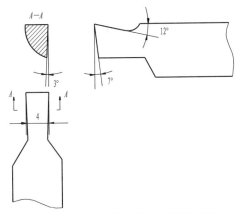

图 11-4　端面螺纹手磨高速钢刀示意

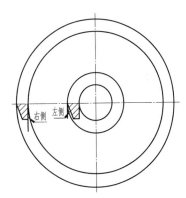

图 11-5　刀具后角在螺纹槽中左、右侧位置示意

由于端面螺纹工件尺寸较大，所以刀片磨损较快，而可转位刀片磨损后可快速更换，不需重新对刀，进而可继续加工，不会影响加工时间和加工精度，因此加工端面螺纹应尽可能使用可转位刀片。机夹刀可分为 $90°$ 型和 $0°$ 型两种，如图11-6、图11-7所示。

图 11-6　$90°$ 数控机夹刀

图 11-7　$0°$ 数控机夹刀

2. 端面螺纹编程技巧

端面螺纹编程可采用G32结合子程序来进行编程，编程原点为工件右端面中心。

（1）G32 指令格式

```
G32 X(U)_____ Z(W)_____ F_____;
```

其中，X(U) _____ 为 X 方向螺纹切削终点坐标，X 为绝对值，U 为增量值（相对值）；

Z(W) _____为 Z 方向螺纹切削终点坐标，Z 为绝对值，W 为增量值（相对值）；

F _____为导程，单线时为螺距，单位为 mm。

由于是端面螺纹车削，与普通螺纹车削进给、退刀方向相反，因此在编程时可采用模板：

```
...
G00 W __;/Z 向相对进刀量
G32 X __ F __;/直进法车螺纹指令
G00 W __;/Z 向相对退刀量
X __;/X 向相对退刀量
W __;/Z 向相对进刀量
G32 X __ F __;/直进法车螺纹指令
...
```

即 G32 X __ F __；中不包含 Z __，要分开写。

（2）子程序调用指令 M98 指令格式

```
M98 P __ __;
```

其中 P 后依次为循环次数和子程序号，若省略，则省略循环次数，系统默认循环次数为 1 次。子程序应以 M99 指令结束。

（3）例题编程（表 11-3）

表 11-3 端面矩形螺纹编程

程序内容	程序说明
O0001;	程序名
G40 G97 G99 S50 M03;	
T0101;	选 1 号矩形螺纹车刀（刀宽 4mm）
M08;	切削液开
G00 X110. Z5.0;	快速定位到粗加工起点
M98 P441000;	调用 O1000 子程序 44 次
G00 X120.0 Z120.0;	
M05;	
M00;	
T0101 S20 M03 M08;	精加工转速 20r/min
G00 X110.0 Z5.0;	快速定位到精加工起点
M98 P061100;	调用 O11001 子程序 6 次
G00 X110.0 Z100.0;	刀具快速返回安全点
M05;	
M09;	
M30;	
O1000;	粗加工子程序
G00 W−5.1;	Z 方向每次增量−5.1mm
G32 X37.0 F9.0;	螺纹切削
G00 W5.0;	Z 方向每次退刀增量 5mm

程序内容	程序说明
G00 X110.0;	
M99;	子程序结束
O1100;	精加工子程序
G00 W−9.45;	Z 方向每次增量−9.45mm
G32 X37.0 F9.0;	螺纹切削
G00 W9.4;	Z 方向每次退刀增量 9.4mm
G00 X110.0;	
M99;	

程序段 G00 W−9.45；表示 Z 方向每次增量−9.45mm，实际刀具 Z 向进刀 5−9.45＝−4.45(mm)，则刀具第一刀精车为 Z 向−0.05mm，以后类推−4.45＋x−9.45＝−4.50（第二刀），得出 x＝9.4mm（G00 W9.4;），即精车每一刀都是 Z 向−0.05mm。

3. 端面矩形螺纹精加工技术

端面矩形螺纹精加工可采用两种方法：一是可把刀片换成与实际槽宽相等的刀片，再重复一下精加工程序即可完成加工；二是利用数控系统的磨耗功能，调整 X 方向的磨耗值进行加工。比如刀片宽度是 4mm，粗加工完成后槽的两侧面实际上各留了 0.25mm 的精加工余量，在刀具相应的磨耗值输入 0.25mm，再运行精加工程序，就完成了牙型一侧面的加工。同理牙型另一侧面的加工可输入磨耗值−0.25mm，再运行精加工程序即可完成加工。粗加工完成后最后可用齿条检测工具进行检测，如图 11-8 所示。

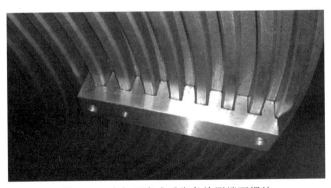

图 11-8　在加工完成后齿条检测端面螺纹

八、编程及加工相关注意事项

① 装夹矩形螺纹车刀时，端面矩形螺纹车刀的主切削刃必须与工件中心等高，同时刀具主切削刃垂直于导轨。

② 加工时要浇注充分的切削液。切削液不要过浓，可用较多的水加以稀释，满足散热条件，使切削温度降低。

③ 车削端面矩形螺纹时，由于转速较低，刀片不宜采用硬质合金材料，可选用超硬高速钢。

④ 车削时每次进刀不宜过大，防止磨损加快或损坏刀具。

延伸阅读

软爪的设计及加工

吴光平

随着用户对产品外观、精度等要求的不断提高，软爪在机械加工中得到了越来越广泛的应用。众所周知，采用三爪卡盘硬爪加工零件，不可避免地存在着一些问题，比如零件容易产生"三角形"变形，装夹印痕不易消除，定位精度不高，零件同轴度难以保证等。如果采用软爪加工，由于软爪选用材料刚性较小，不易夹伤零件表面，同时可以根据不同的零件配作成不同的装夹直径，从而可以成倍地加大零件的装夹面积，使零件不易产生变形，较大地提高了零件的装夹稳定性。因此，采用软爪可以有效地克服硬爪在机加工中的缺陷。使用合格的软爪，能保证零件的加工面与装夹面的定位精度达到 0.01～0.05mm，免去了用百分表找正的工序。因此，在现有设备的基础上，采用软爪加工不失为提高零件加工质量稳定性的一种有效途径。

1. 软爪的设计

（1）材料的选择

制作软爪的材料有中碳钢、铝合金、铜合金、胶木、塑料等，常用的材料是中碳钢、铝合金和铜合金。具体选材时，可以根据不同的零件材质来选择不同的软爪材料。如果零件材料的刚性差，容易变形，则可选用铝合金；如果零件材料的刚性好，不易变形，就可选用中碳钢。像一般电连接器的外壳等零件的材料均为铝合金，那么，软爪的材料就可选用铝合金、铜合金、胶木等。

（2）结构设计

根据夹紧零件方式的不同，软爪有正爪和反爪之分。两种结构的设计原理、加工工艺、工作原理都差不多，本文着重介绍几种常用的正爪结构。由于软、硬爪之间是配套的，所以一组软爪一般由三个独立的软爪组成。根据软爪和硬爪固定方式的不同，软爪又可分为内圆式结构、内方式结构、焊接式结构三种，下面逐一介绍。

① 内圆式软爪的结构设计　图 1 为内圆式软爪的结构设计方案，软爪采用圆柱形内孔安装在硬爪上，与硬爪的尺寸配合选用过盈配合，公差常选用 H7/p6。由于是内圆式定位，软、硬爪之间采用三个螺钉固定，为预防加工过程中螺钉的松动，需增加弹性垫圈和六角螺母来加强紧固。为了便于螺钉的安装，螺钉孔中心应尽可能与软爪的中心重合。此外，硬爪端面不应凸出软爪面，一般留有 3～5mm 余量。

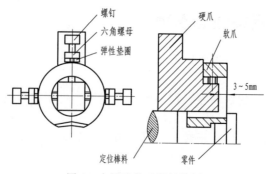

图 1　内圆式软爪的结构图

此种结构加工简单、成本低廉，除螺钉孔外，只要在车床上即可完成。主要的缺陷是重新安装时与硬爪的装夹精度不高，致使其重复利用率低。因此，该结构特别适合新品试制阶段零件的小批量生产。

　　② 内方式软爪的结构设计　图 2 为内方式软爪的结构设计方案，硬爪之间的方孔配合可选用过渡配合，公差选用 H7/k6，采用两螺钉、弹性垫圈和六角螺母安装固定，螺钉孔与软爪的方孔中心线要求重合。

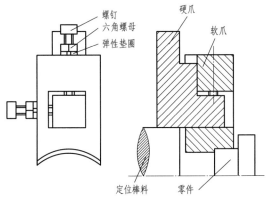

图 2　内方式软爪的结构图

　　此种结构加工相对复杂一些，但由于软爪拆卸方便，装夹精度高，能多次重复利用，致使其相对制作成本较低。所以，特别适合具有一定批量的零件生产。

　　③ 焊接式软爪的结构设计　焊接式软爪是指在硬爪上焊接某种金属材料后加工而成的软爪，如图 3 所示。此种结构的软爪材料很少，硬爪可采用新爪，也可选用与三爪卡盘配合完好但夹持已损坏的废爪，因此制作成本低。由于软、硬爪合为一体，克服了重新装夹时的偏差和加工过程中的松动等缺陷，定位精度更高。该种结构的主要缺陷是软爪不可更换，加工不同的零件需要用很多的硬爪来制作不同的软爪。所以，此种结构特别适用于单一品种的大批量生产。

　　当然，由于零件形状各异，每种软爪结构又可设计成各种不同的形状，以上介绍的只是各种结构中的常用设计方案。各设计方案的确定应遵循以下三个原则：一是便于装夹；二是便于排屑；三是更方便于满足零件的技术要求。

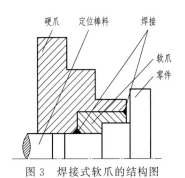

图 3　焊接式软爪的结构图

　　(3) 装夹直径的设计

　　根据各种不同的零件，软爪装夹面的直径一般比零件的直径大 0.05～0.30mm，装夹面的粗糙度要求为 $\sqrt{Ra1.6}$。这样，不仅能保证零件的同轴度要求，也能较好地保证零件的装夹稳定性。

2. 软爪的加工制作

　　内圆式和内方式软爪的加工步骤基本相同，其主要工序为：先加工好软爪，打孔攻螺纹后固定在硬爪上；再取大小合适的定位棒料装夹在硬爪上，如图 1、图 2 所示，注意装夹力与夹持零件力基本相同，以消除硬爪与卡盘之间的间隙；然后再精加工出符合设计要求的装夹直径，从而完成软爪的制作。

　　焊接式软爪的主要加工工序为先加工软爪，同时把硬爪加工到符合要求的尺寸，然后焊接，焊接以焊牢为准，可以在侧面焊，也可以在端面焊；再取大小合适的粗定位棒料装夹于硬爪上，如图 3 所示，进行粗加工，此时，软爪的装夹直径比零件实际尺寸一般大 3～5mm；再用软爪夹持精定位棒料，取适当的夹紧力，精加工成符合要求的软爪。

3. 提高软爪使用性能的几点注意事项

① 在配套的软、硬爪上做好相应的标记，以减少软爪制作和重新使用时的装夹误差。

② 在软爪上标明装夹直径，可避免不同软爪的相互混用，方便软爪的管理。

③ 当软爪装夹面磨损过大时，可将其加工成更大装夹直径的软爪，以降低软爪的制作成本。

典型实例十二

综合类零件的加工

一、零件图纸（图 12-1～图 12-10）

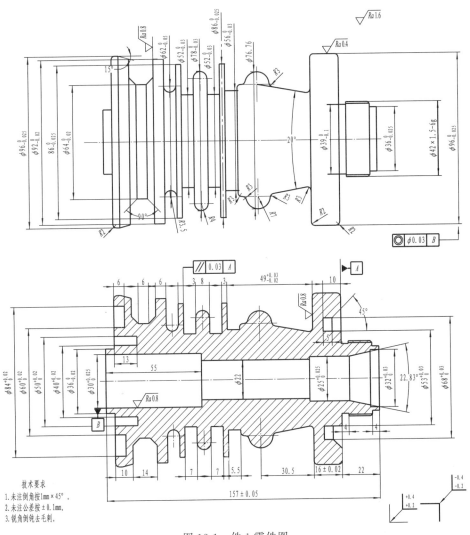

技术要求

1. 未注倒角按1mm×45°。
2. 未注公差按±0.1mm。
3. 锐角倒钝去毛刺。

图 12-1　件 1 零件图

图 12-2　件 1 三维实体图

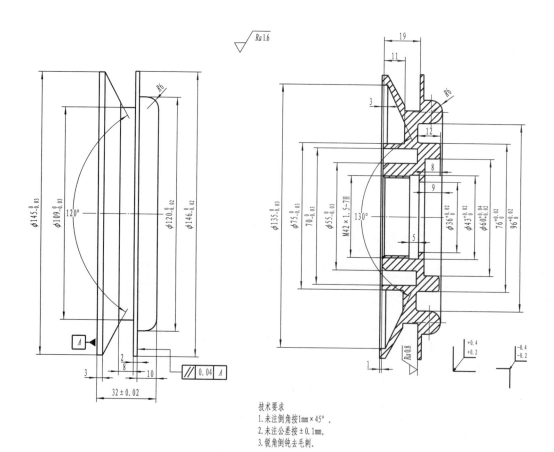

技术要求
1. 未注倒角按1mm×45°。
2. 未注公差按±0.1mm。
3. 锐角倒钝去毛刺。

图 12-3　件 2 零件图

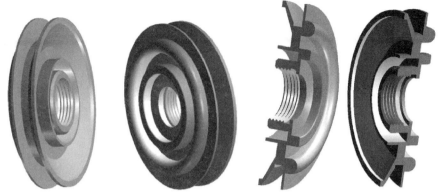

图 12-4　件 2 三维实体图

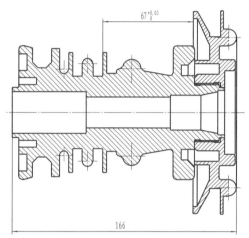

图 12-5　装配图（1）

图 12-6　装配图三维剖面图（1）

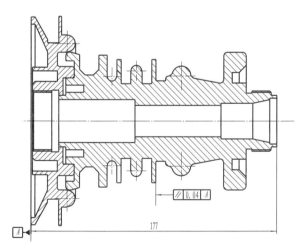

图 12-7　装配图（2）

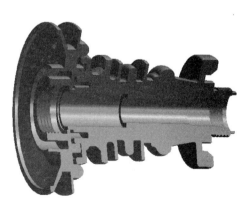

图 12-8　装配图三维剖面图（2）

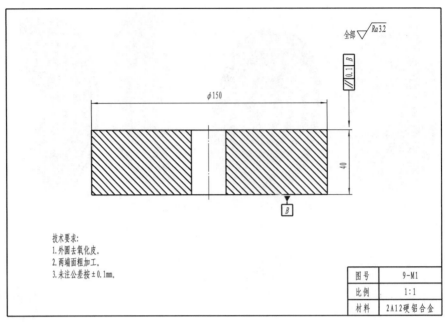

图 12-9　毛坯图（1）

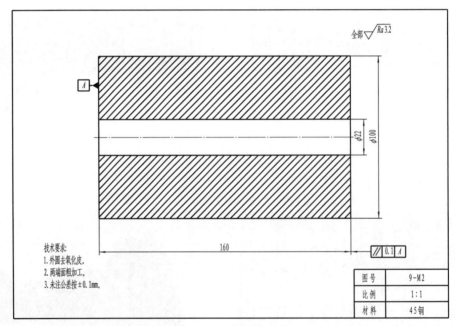

图 12-10　毛坯图（2）

二、图纸要求

① 毛坯尺寸：$\phi 150mm \times 40mm$、$\phi 100mm \times 160mm$。

② 零件材料：45 圆钢、2A12 硬铝合金。

③ 加工时间：420min（包含编程与程序手动输入）。

三、工量刃具清单

刀具清单如表 12-1 所示。量具清单如表 12-2 所示。

表 12-1　刀具清单

序号	名称	型号	数量	备注
1	90°外圆车刀	DCLNR2525M12-M	1	右手刀体
	刀片	CNMG120408-MF5,TP2501	1	钢件,粗加工 $R0.8$mm
	刀片	CNMG120404-MF1,CP500	1	钢件,粗加工 $R0.4$mm
	刀片	CNMG120408-MF1,CP500	1	通用,刀尖圆弧 $R0.8$mm
2	35°右手外圆刀体	SVLBR2525M16	1	右手刀体
	刀片	VBMT160404-MF2,TP2501	1	钢件加工,$R0.4$mm
	刀片	VCGT160404F-AL,KX	1	铝件加工,$R0.4$mm
3	35°左手外圆刀体	SVLBL2525M16	1	左手刀体
	刀片	VBMT160404-MF2,TP2501	1	钢件加工,$R0.4$mm
	刀片	VCGT160404F-AL,KX	1	铝件加工,$R0.4$mm
4	内孔刀体(孔深60mm)	A16Q-SCLCR09	1	最小镗孔直径22mm
	刀片	CCMT09T304-F1,TP2501	1	钢件加工,$R0.4$mm
	刀片	CCGT09T304F-AL,KX	1	铝件加工,$R0.4$mm
5	内孔螺纹刀体(孔深70mm)	SNR0016M16	1	最小孔径24mm
	刀片	16NR1.5ISO,CP500	1	螺距1.5mm,钢铝通用
6	外螺纹刀体	CER2525M16QHD	1	刀体25mm×25mm
	刀片	16ER1.5ISO,CP500	1	螺距1.5mm,钢铝通用
7	外圆切槽刀体3mm	CFTR2525M03	1	切深20mm
	刀片	LCMR160304-0300-FT,CP500	1	3mm切槽刀片,通用
8	外圆切槽刀体4mm	CFMR2525M04	1	切深20mm
	刀片	LCMR160404-0400-FT,CP500	1	4mm切槽刀片,通用
9	$R1.5$mm圆弧切刀刀体	CFTR2525M03	1	切深20mm
	刀片	LCMR1603M0-0300-MP,CP500	1	$R1.5$mm球头刀片
10	$R3$mm圆弧切刀刀体	CFTR2525M04	1	切深20mm
	刀片	LCMR1604M0-0400-MP,CP500	1	
11	4mm端面槽刀	CFIR2525M04L100052 CFIR2525M04L100060 CFIR2525M04L100092	各1	加工直径52～72mm,60～95mm,92～140mm,切深14mm
	刀片	LCMR160404-0400-FT,CP500	各1	4mm切槽刀片,通用
12	3mm端面槽刀及刀体	FR2525M-V21 V21-COR1303L060040 LCMR130304-0300-FT,CP500	1	加工直径40～60mm,加工槽深18mm以下,建议采用第11项
13	3mm内沟槽刀	A20R-CGFR1303	1	可切槽宽≥3mm
	刀片	LCMR130304-0300-FT,CP500	1	

续表

序号	名称	型号	数量	备注
14	内孔刀杆,深度 60mm	A16Q-SCLCR09 CCMT 09T304-F1,TP2501	1	最小镗孔直径 20mm,为保证安全,建议孔直径不要小于 22mm

表 12-2　量具清单

序号	名称	规格/mm	数量	备注
1	游标卡尺	0～250(0.02)	1	
2	千分尺	0～25,25～50,50～75,75～100(0.01)	1	
3	百分表	0～10(0.01)	1	
4	百分表磁性表座		1	
5	千分表	0.002	1	
6	千分表磁性表座		1	
7	内径百分表	18～35、35～50(0.01)	各 1	
8	带表内卡规	75～95、95～115(0.01)	1	
9	带表外卡规	35～55、55～75		
10	半径规	1～6.5、7～14.5	各 1	
11	螺纹环规(通、止规)	M42×1.5-6g	各 1	
12	螺纹塞规(通、止规)	M42×1.5-6H	1	
13	麻花钻	ϕ20	各 1	
14	中心钻	ϕ2.5	1	
15	附具	莫氏钻套、钻夹头	各 1	
16	其他	铜棒、铜皮、垫片、毛刷等常用工具	若干	选用
17	附具	莫氏钻套、钻夹头	各 1	

四、设备要求

① 使用车床型号为 CAK6140。

② 数控系统采用 FANUC 0i MATE-TD。

③ 采用四刀位四方刀架。

五、图纸分析

该例主要难点是工艺路线的安排、端面直槽、端面锥槽、三角螺纹配合、圆弧面等加工技术。总体来讲加工内容多,综合性强,工艺性强。件 1 为轴类综合零件,件 2 为盘类综合零件,很显然两类零件工艺、定位、加工都有不同的鲜明特点(后有论述)。所有工件尺寸加工精度、形位精度、表面粗糙度要求都很高,有的加工面表面粗糙度要求达到 Ra0.4mm,达到甚至超过镜面车削要求。

从配合关系图看有两种配合关系,为对配加工。图 12-5 装配图(1)有总体装配尺寸 166mm 要求,局部尺寸 67mm 要求。图 12-7 装配图(2)中基准 A 为件 2 的左端面,被测要素件 1 槽右侧面对基准 A 有 $\boxed{/\!/ \ 0.04 \ A}$ 要求，总体装配尺寸有 177mm 要求。

图 12-1 中，基准 B 为 $\phi30$mm 内孔的轴线，外圆 $\phi96$mm 的轴线与基准 B 有同轴度要求 $\boxed{\bigcirc \ \phi0.03 \ B}$。基准 A 为右台阶端面（含端面锥槽面），外圆槽（外圆 $\phi52$mm）左侧面与基准 A 有 $\boxed{/\!/ \ 0.03 \ A}$ 要求。该工件加工端面槽较多，共计三个。左端（$\phi40$mm、$\phi50$mm 之间）端面槽长度 13mm，由于槽较长较窄，加工、编程都需要技巧（后论述）。右端为端面锥槽，难度稍易，但需要合理安排加工步骤。$R7$mm 和 $R4$mm 凸弧、$R3.5$mm 凹弧、$R2$mm 弧、$90°$ 直角槽无论编程、加工都是技术难点，都有其灵活技巧性一面。

图 12-3 中，基准 A 为左端面，被测要素外圆 $\phi146$mm 右台阶端面与基准 A 有 $\boxed{/\!/ \ 0.04 \ A}$ 要求。要求加工的端面锥槽、端面直槽（长度长）、外圆锥槽都是难于加工部分，在刀具选用、工艺、装夹定位、编程等方面都加大了难度。

该图纸给了两件毛坯，毛坯 $\phi100$mm$\times160$mm（钢料）用于加工件 1，毛坯 $\phi150$mm$\times40$mm（硬铝合金）用于加工件 2。

六、工艺路线制定与安排（参考）

根据图纸技术要求，通过整体分析图纸，赛件的工艺安排较为复杂。件 1、件 2 都不能单独把其所有待加工的部分加工完成，而是先需要加工成半成品，再进行装配加工其他部分。总体工艺安排是：先加工件 2，进行局部加工，完成半成品件 2 的加工；卸件再加工件 1，进行局部加工，完成半成品件 1 的加工；而后螺纹装配加工件 2 其他部分，完成件 2 的所有加工；最后加工件 1 其他部分，完成件 1 的所有加工。具体如下。

1. 半成品件 2 加工方案

① 夹毛坯，平端面，钻通孔 $\phi22$mm。

② 粗车外圆 $\phi122$mm、$\phi148$mm（留余量，右阶台）。

③ 粗、精车内孔 $\phi60^{+0.04}_{+0.02}$mm、$\phi36^{+0.02}_{0}$mm、（有 1mm$\times60°$圆锥角）。

④ 粗、精车端面槽（$\phi76^{+0.02}_{0}$mm、$\phi96^{+0.02}_{0}$mm 之间），中间凸台端面。

⑤ 调头夹 $\phi122$mm 外圆处（台阶定位），车端面，控制总长 32mm±0.02mm。

⑥ 粗车外圆 $\phi148$mm。

⑦ 粗、精车内孔 $\phi41.8$mm。

⑧ 车内沟槽 $\phi43^{+0.02}_{0}$mm。

⑨ 粗、精车内螺纹 M42$\times$1.5-7H。

⑩ 粗、精车锥槽（$\phi75^{0}_{-0.03}$mm、$\phi135^{0}_{-0.03}$mm 之间）。

⑪ 粗、精车端面槽（$\phi55^{0}_{-0.03}$mm、$\phi70^{0}_{-0.03}$mm 之间），中间凸台端面。

⑫ 卸件调头，一夹一顶定位找正，撤掉顶尖，粗、精车外圆 $\phi120^{0}_{-0.02}$mm、$\phi146^{0}_{-0.02}$mm、外圆弧 $R6$mm。

⑬ 粗、精车内圆弧 $R6$mm。

⑭ 卸工件。

2. 半成品件 1 加工方案

① 夹毛坯（长度 40mm 左右），车平端面，钻孔 $\phi22$mm。

② 粗车外圆 $\phi98$mm$\times115$mm。

③ 粗、精车内孔 $\phi30^{+0.025}_{0}$mm$\times55$mm，倒 1mm$\times60°$圆锥角（用于一夹一顶定位）。

④ 粗、精车外圆 $\phi36^{0}_{-0.025}$mm。

⑤ 粗、精车端面槽（$\phi40^{+0.02}_{0}$ mm 和 $\phi50^{+0.02}_{0}$ mm 之间、$\phi60^{+0.02}_{0}$ mm 和 $\phi84^{+0.02}_{0}$ mm 之间）。

⑥ 调头夹 $\phi98$mm 外圆（40mm 左右），百分表拉母线找正，车端面，控制总长 157mm ±0.05mm，钻通孔 $\phi22$mm。

⑦ 粗、精车内孔 $\phi25^{+0.025}_{0}$ mm、$\phi32^{+0.03}_{0}$ mm、内锥孔（圆锥角 22.83°）。

⑧ 粗、精车外圆 $\phi96^{0}_{-0.025}$ mm、$\phi41.8$mm、$\phi36^{0}_{-0.025}$ mm。

⑨ 粗、精车端面槽（$\phi68^{+0.03}_{0}$ mm 与 $\phi53$mm 之间），45°锥槽。

⑩ 粗、精车外螺纹 M42×1.5-6g。

3. 件 2、件 1 余下加工方案

① 将半成品件 2（带内螺纹盘类工件）与半成品件 1 通过内、外螺纹配合旋紧，粗、精车外圆 $\phi145^{0}_{-0.03}$ mm（可用左偏刀）。

② 一夹一顶，粗、精车件 2 直槽 $\phi109^{0}_{-0.03}$ mm、外锥槽。

③ 卸下盘类工件件 2，粗、精车件 1 的 $R7$mm、$R3$mm（直至 $R7$mm 中心左半部）以及外锥面。

④ 卸下工件，调头，一夹一顶（垫铜皮夹 $\phi96$mm 外圆处），加工外圆 $\phi96^{0}_{-0.025}$ mm、$\phi92^{0}_{-0.02}$ mm、$\phi86^{0}_{-0.025}$ mm、$\phi78^{0}_{-0.03}$ mm、$R2$mm、15°圆锥半角。

⑤ 加工直槽 $\phi64^{0}_{-0.02}$ mm、$\phi62^{0}_{-0.05}$ mm、$\phi52^{0}_{-0.03}$ mm、$\phi56^{0}_{-0.03}$ mm。

⑥ 加工 90°外槽。

⑦ 加工外圆弧 $R4$mm、内凹圆弧 $R3.5$mm、外圆弧 $R3$mm。

⑧ 卸件。

七、加工技术难点及编程技巧

为了便于说明程序，加工刀具编号如表 12-3 所示。

表 12-3 加工刀具编号

外轮廓粗车刀	T0101——90°外圆车刀($R0.8$mm)
圆弧刀	T0202——圆弧半径 3mm
3mm 端面切槽刀	T0303——$\phi40\sim60$mm 之间
4mm 端面切槽刀	T0404——$\phi60\sim95$mm 之间
4mm 端面切槽刀	T0505——$\phi52\sim72$mm 之间
外轮廓车刀	T0606——左偏刀
4mm 端面切槽刀	T0707——$\phi92\sim140$mm
外轮廓车刀	T0808——35°右手外圆刀体($R0.4$mm)
3mm 切槽刀	T0909——切断 $\phi40$

（1）半成品件 1 加工方案⑤——两个端面槽的加工及编程

端面槽加工对于数车加工是个难点，也是大赛经常命题的考点。其难点一是端面槽车刀刚性问题，难点二是尺寸精度的保证。端面槽车刀刀柄前端较细，刚性差，容易折刀，因此在设置切削用量时要考虑好，切削深度不能太大，进给量要小，转速不宜过高。件 1 端面槽加工图见图 12-11。端面槽 1 深 13mm，槽较深，难度加大，可采取分层加工方法。即把深度 13mm 分成几个深度，诸如 2mm、2mm、2mm、2mm、2mm、2mm、0.5mm、0.5mm。编制程序用 G74 车槽循环指令，端面槽 1 程序如表 12-4 所示。端面槽 2 深 6mm，

槽比较宽，选用 4mm 刀宽的端面槽刀，程序如表 12-5 所示。

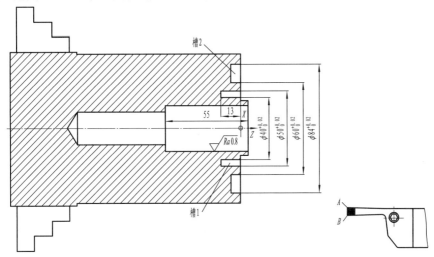

图 12-11　件 1 端面槽加工图

表 12-4　端面槽 1 程序

程序内容	程序说明
O0001；	
G40 G97 G99 S500 M03 F0.08；	主轴正转,程序初始化,粗车进给量 0.08mm/r
T0303；	调用 3 号端面槽刀,刀宽为 3mm
M08；	切削液开
G00 X43.8；	刀具快速定位至端面槽加工循环点,对刀点为 A
Z2.；	
G74 R1.；	切端面槽循环,Z 向退刀量 1mm
G74 X40.2 Z−13.0 P200 Q500；	端面槽循环车削,X 向移动量单边 0.2mm,Z 向每次切深 0.5mm
G00 Z100.0；	
M05；	
M09；	
M30；	

表 12-5　端面槽 2 程序

程序内容	程序说明
O0002；	
G40 G97 G99 S500 M03 F0.15；	主轴正转,程序初始化,粗车进给量 0.15mm/r
T0404；	调用 4 号端面槽刀,刀宽 4mm
M08；	切削液开
G00 X75.7；	刀具快速定位至端面槽加工循环点,对刀点为 A
Z2.；	
G74 R1.；	切端面槽循环,Z 向退刀量 1mm
G74 X60.3 Z−6.0 P300 Q500；	端面槽循环,X 向移动量单边 0.3mm,Z 向每次切深 0.5mm

续表

程序内容	程序说明
G00 Z100.;	
M05;	
M09;	
M30;	

加工技巧：

① 表 12-4 中程序段 G74 X40.2 Z−13.0 P300 Q500；的 Z 值分成 Z（−2.0，−4.0，−6.0，−8.0，−10.0，−12.0，−12.5，−13.0）几次改写，完成加工。其中 Z 为 −12.5 时，需要进行半精车，此时转速为 1200r/min，进给量为 0.05mm/r。

② 端面槽 1 半精车完毕，测量槽径与尺寸 $\phi40^{+0.02}_{0}$ mm 和 $\phi50^{+0.02}_{0}$ mm 进行比较，然后修改表 12-4 中程序段 G00 X43.8 Z2.；循环点 X43.8 的值和程序段 G74 X40.2 Z−13.0 P300 Q500；中 X40.2 的值，再进行精车。

③ 表 12-5 中程序段 G74 X60.3 Z−6.0P300 Q500；的 Z 值分成 Z（−2.0，−4.0，−5.5，−6.0）几次改写，完成加工。其中 Z 为 −5.5 时，需要进行半精车，此时转速为 1400r/min，进给量为 0.05mm/r。

④ 端面槽 2 半精车完毕，测量槽径与尺寸 $\phi60^{+0.02}_{0}$ mm 和 $\phi84^{+0.02}_{0}$ mm 进行比较，然后修改表 12-5 中程序段 G00 X75.7 Z2.；循环点 X75.7 的值和程序段 G74 X60.3 Z−6.0P300 Q500；中 X60.3 的值，再进行精车。

（2）件 2、件 1 余下加工方案③的加工及编程

粗、精车件 1 的 R7mm、R3mm（直至 R7mm 中心左半部）以及外锥面件 1 这道工序不易加工，因为存在着圆弧过渡连接。具体解决思路是结合所给刀具 R3mm 圆弧车刀刀体采用作辅助轨迹线平行加工，如图 12-12 所示。编程如表 12-6 所示（编程原点为图 12-12 右端面中心）。

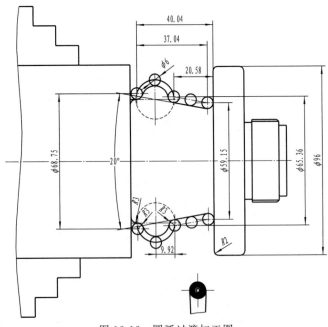

图 12-12 圆弧过渡加工图

表 12-6 圆弧过渡连接程序

程序内容	程序说明
O0003;	
G40 G97 G99 S500 M03 F0.15;	主轴正转,程序初始化,粗车转速 500r/min,进给量 0.15mm/r
T0202;	调用 2 号圆弧刀
M08;	切削液开
G00 X105.0;	刀具快速定位到粗车循环点
Z−41.0;	
G73 U17.0 R25.0;	毛坯粗车循环
G73 P10 Q20 U0.5 W0.;	精加工余量 X 向 0.5mm
N10 G01 X59.15;	
X65.36 Z−58.58;	加工 20°圆锥
G03 X68.75 Z−78.04 R7.;	加工 R7mm 圆弧
N20 G01 X105.0;	
G00 Z100.0;	
M05;	
M00;	
T0202 S1000 M03 F0.05;	调 2 号刀,精车转速 1000r/min 进给量 0.05mm/r
G00 X105.0;	刀具快速定位到精车循环点
Z−41.0;	
G70 P10 Q20;	精车循环
G00 X150.0 Z100.0;	
M05;	
M09;	
M30;	

在加工之前,可用切刀切槽至 ϕ90mm×40.5mm,目的是减少加工余量,防止第一刀加工时由于切深较大造成毁刀的现象,再用直径 6mm 的圆弧刀执行表 12-6 的程序,如图 12-13 所示。

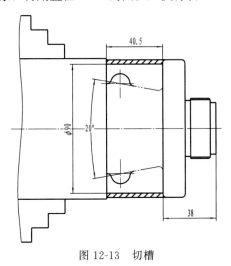

图 12-13 切槽

圆弧刀对刀 X 方向是以圆弧刀片象限点 1 为对刀点（或是圆弧刀片中心）,Z 方向是以圆弧刀片象限点 2 为对刀点,如图 12-14 所示。

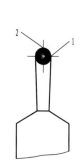

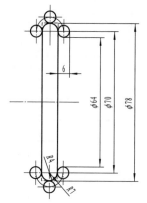

图 12-14　圆弧车刀　　图 12-15　$R4$mm 圆弧轨迹加工示意图

（3）件 1 中 $R4$mm 的编程与加工

件 1 中 $R4$mm 是个凸半圆弧,利用圆弧车刀（圆弧半径 $R3$mm）进行车削。采用作辅助轨迹线加工法加工,如图 12-15 所示,对刀如图 12-16 所示,编程如表 12-7 所示。

表 12-7　圆弧 $R4$mm 程序

程序内容	程序说明
O0004;	
G40 G97 G99 S500 M03 F0.15;	主轴正转,程序初始化,粗车转速 500r/min 进给量 0.15mm/r
T0202;	调用 2 号圆弧刀
M08;	切削液开
G00 X105.0;	刀具快速定位到粗车循环点
Z0.;	
G73 U4.0 R4.0;	毛坯粗车循环
G73 P10 Q20 U0.5 W0.;	精加工余量 X 向 0.5mm
N10 G01 X70.0;	
G03　X70.0　Z−14.0　R7.0;	加工圆弧
N20 G01 X105.0;	
G00 X150.0;	
Z100.0;	
M05;	
M00;	
T0202 S1000 M03 F0.05;	调 2 号刀,精车转速 1000r/min,进给量 0.05mm/r
G00 X105.0;	刀具快速定位到精车循环点
Z0.;	
G70 P10 Q20;	精车循环
G00 X150.0;	

程序内容	程序说明
Z100.；	
M05；	
M09；	
M30；	

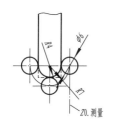

图 12-16　R4mm 圆弧对刀图

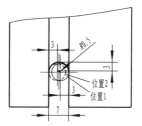

图 12-17　R3.5mm 圆弧轨迹加工示意图

（4）件 1 图中圆弧 R3.5mm 的编程与加工

件 1 中 R3.5mm 是个凹半圆弧，也利用圆弧车刀（圆弧半径 R3mm）进行车削。采用作辅助轨迹线加工法加工，其刀心绕着 R0.5mm 做逆时针运动，圆弧刀从位置 1 运动到位置 2，如图 12-17 所示。对刀如图 12-18 所示，X 方向以圆弧刀片 1 点为对刀点，Z 方向圆弧刀片中心为对刀点。编程如表 12-8 所示。

表 12-8　圆弧 R3.5mm 程序

程序内容	程序说明
O0005；	
G40 G97 G99 S800 M03 F0.05；	主轴正转,程序初始化,精车转速 800r/min,进给量 0.05mm/r
T0202；	调用 2 号圆弧刀
M08；	切削液开
G01　Z−3.0；	
X93.0；	刀具直线进给定位
X62.0；	
G02　X62.　Z−4.0　R0.5；	刀具圆心圆弧运动(圆弧 R0.5mm)
G00　X120.0；	
M05；	
M09；	
M30；	

（5）半成品件 1 加工方案⑨的编程与加工

粗、精车端面直槽（$\phi 68^{+0.03}_{0}$ mm 与 $\phi 53^{+0.03}_{0}$ mm 之间），读者可参照半成品件 1 加工工序 5 两个端面槽的加工及编程来编写。45°锥槽是在加工好端面直槽后进行加工的，该锥槽加工需用 4mm 刀宽的端面槽刀进行加工，由于刀具强度问题，而不能一次斜向进给完成车削，因此需要分几次加工才能完成。

① 编程技巧　锥槽形状是单调递减，相当于内孔加工，可以采用 G71、G70 编程，编

程原点为外圆 $\phi96_{-0.025}^{\ 0}$ mm 的右端面中心，工序如图 12-19 所示，编程如表 12-9 所示。

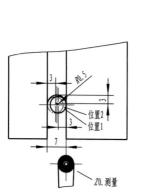

图 12-18　$R3.5$mm 圆弧对刀示意图

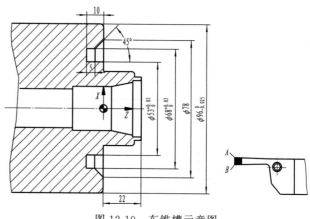

图 12-19　车锥槽示意图

表 12-9　车锥槽程序

程序内容	程序说明
O0006；	程序名
G40 G97 G99 S600 M03 F0.15；	主轴正转，程序初始化，粗车进给量 0.15mm/r
T0404；	选 4 号端面槽刀
M08；	
G00 X66.0；	刀具快速至锥槽循环起点
Z2.；	
G71 U1. R0.5；	粗车循环，单边吃刀深度 1mm，退刀量 0.5mm
G71 P50 Q100 U−0.3 W0.1；	粗车循环，X 方向精车余量 0.3mm，Z 方向精车余量 0.1mm
N50 G00 X78.0；	刀具快进至 ϕ78mm 处
G01 Z0.；	
X68.0 Z−5.；	车锥面
N100 G01 X66.0；	刀具直线进给至 ϕ66mm 处
G00 X100.0 Z100.0；	快速返回安全点
M05；	
M00；	
T0505 S1300 M03 F0.10；	精车
G00 G41 X66.0；	左刀补引入，快速至循环点
Z2.；	
G70 P50 Q100；	精车循环
G00 G40 X100.0 Z100.0；	
M05；	
M09；	
M30；	

② 对刀注意事项

a.车端面直槽时用刀尖 A 作为对刀点，车锥槽时用刀尖 B 作为对刀点，如图 12-19 所示。

b.车锥槽时，端面槽刀与外圆 $\phi 96$mm 沾刀后，在刀具形状补偿画面中输入 X104.0（$\phi 96$mm 与 2 倍刀宽之和），点测量键。

（6）件 2 半圆弧 $R6$mm 的编程与加工

半圆弧 $R6$mm 属于端面圆弧加工，其圆弧可分成两部分加工，即 BA 段圆弧和 AC 段圆弧，对应刀具可采用外圆刀（或左偏刀）、端面切槽刀，如图 12-20 所示。

AB 段圆弧程序见表 12-10，其编程原点为右端面中心；AC 段圆弧程序见表 12-11，其编程原点为右端面中心。

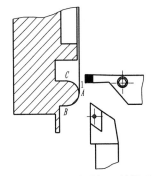

图 12-20　$R6$mm 圆弧加工局部示意图

表 12-10　AB 段圆弧程序

程序内容	程序说明
O0007；	程序名
G40 G97 G99 S600 M03 F0.15；	主轴正转,程序初始化,粗车进给量 0.15mm/r
T0101；	选 1 号外圆刀
M08；	
G00 X148.0；	刀具快速至循环起点
Z2.0；	
G71 U1. R0.5；	粗车循环,单边吃刀深度 1mm,退刀量 0.5mm
G71 P50 Q100 U0.5 W0.1；	粗车循环,X 方向精车余量 0.5mm,Z 方向精车余量 0.1mm
N50 G00 X108.0；	刀具快进至 $\phi 108$mm 处
G01 Z0.；	
G03 X120.0 Z−6.0 R6.0；	车圆弧
G01 Z−10.0；	
X146.0；	
N100 G00 X148.0；	刀具直线进给至 $\phi 148$mm 处
G00 X160.0 Z100.0；	快速返回安全点
M05；	
M00；	
T0808 S1300 M03 F0.10；	换 8 号精车刀精车
G00 G42 X148.0；	引入右刀补
Z2.；	
G70 P50 Q100；	精车循环
G00 G40 X160.0 Z100.0；	

续表

程序内容	程序说明
M05；	
M09；	
M30；	

表 12-11　AC 段圆弧程序

程序内容	程序说明
O0008；	程序名
G40 G97 G99 S600 M03 F0.15；	主轴正转,程序初始化,粗车进给量 0.15mm/r
T0707；	选 7 号端面槽刀
M08；	
G00 X96.0；	刀具快速至圆弧循环起点
Z2.0；	
G71 U1. R0.5；	粗车循环,单边吃刀深度 1mm,退刀量 0.5mm
G71 P50 Q100 U0.5 W0.1；	粗车循环,X 方向精车余量 0.5mm,Z 方向精车余量 0.1mm
N50 G00 X108.0；	刀具快进至 φ108mm 处
G01 Z0.；	
G02 X76.0 Z−6.0 R6.0；	车圆弧
N100 G00 X96.0；	刀具直线进给至 φ96mm 处
G00 X100.0 Z100.0；	快速返回安全点
M05；	
M00；	
T0707 S1300 M03 F0.10；	精车
G00 G41 X96.0；	引入左刀补
Z2.0；	
G70 P50 Q100	精车循环
G00 G40 X100.0 Z100.0；	
M05；	
M09；	
M30；	

（7）件 2 外圆锥槽的编程与加工

件 2 外圆槽包含直槽和外锥槽,外锥槽如果选用 35°刀尖角仿形外圆刀进行加工,副切削刃会发生干涉,因此可选用 3mm 或 4mm 切断刀（切槽刀）。加工时可利用切刀（切槽刀）左刀尖进行车削,加工示意图如图 12-21 所示。

M 点直径计算：$145-2\times9\times\tan60°=113.82$（mm）。

外锥槽程序见表 12-12,其编程原点为右端面中心。

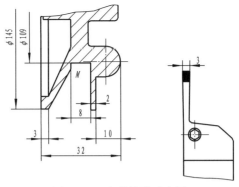

图 12-21　车外锥槽示意图

表 12-12　外锥槽程序

程序内容	程序说明
O0009；	程序名
G40 G97 G99 S600 M03 F0.10；	主轴正转，程序初始化，粗车进给量 0.10mm/r
T0909；	
M08；	
G00 X146.0；	刀具快速至锥槽循环起点
Z－17.0；	
G71 U0.5. R0.5；	粗车循环，单边吃刀深度 0.5mm，退刀量 0.5mm
G71 P50 Q100 U0.5 W0.1；	粗车循环，X 方向精车余量 0.5mm，Z 方向精车余量 0.1mm
N50 G00 X113.82；	刀具快进至 ϕ113.82mm 处
G01 Z－20.0；	
X145.0 Z－29.0；	车锥槽
N100 G00 X148.0；	刀具直线进给至 ϕ148mm 处
G00 X160.0 Z100.0；	快速返回安全点
M05；	
M00；	
T0909 S1000 M03 F0.05；	精车
G00 G42 X146.0；	引入右刀补
Z－17.0；	
G70 P50 Q100；	精车循环
G00 G40 X160.0 Z100.0；	
M05；	
M30；	

（8）件 2 右端面槽 $\phi 76_{\ 0}^{+0.02}$mm、$\phi 96_{\ 0}^{+0.02}$mm，左端面槽 $\phi 55_{-0.03}^{\ 0}$mm、$\phi 70_{-0.03}^{\ 0}$mm 的编程与加工

这两个端面槽的加工可参照半成品件 1 加工工序 5 两个端面槽的加工及编程进行编制程序，这里不再赘述。

八、编程及加工相关注意事项

① 端面槽刀选用时一定要根据其加工端面槽的最大、最小直径进行适当选择。

② 加工件1、件2端面锥槽工序时，要按照先加工直槽，再加工锥槽的工步顺序。

③ 用切刀加工外锥槽时，由于切刀刚性差，所以切削深度要小些。

④ 该例题综合复杂，充分考察操作者的基本功、编程技巧及加工经验等，操作者要合理利用软件作图结合编程的方法进行加工。装配效果整体图见图12-22。

图 12-22　装配效果整体图

附录

附录一　职业技能大赛及职业技能鉴定简述

一、职业技能大赛简介

职业技能大赛是指一项依据国家职业标准，结合实际生产工作，以突出操作技能和解决实际问题能力为重点，面向社会、面向企业、面向生产岗位的社会性竞技活动。作为职业教育是以能力培养为本位的教育，是为生产一线培养技能人才的教育，因此，为了进一步促进职业教育的发展，人力资源和社会保障部（后简称人社部）等六部委主办了全国数控技能大赛，教育部主办了全国职业院校技能大赛，进而提出"普通教育有高考，职业教育有技能大赛"之口号，意在通过大赛为企业选拔培养数控高技能人才。

随着职业教育的发展，近些年，技能竞赛成绩已经成为职业院校教改和教学质量的一项重要指标，"以赛促学，以赛促练，以赛促教，以赛促改"已经成为许多职业院校的一种新型实践教学模式。

1. 全国数控技能大赛

全国数控技能大赛由人社部、教育部、科技部、中华全国总工会、国家国防科工局、中国机械工业联合会联合举办的国家级一类竞赛。大赛始于 2004 年，每两年一届，设立职工组、教师组及学生组三个级别。学生组分为高职高专组、中职组（中专、技校、职高）和高级技校组（技师学院），每组分为数控车、数控铣、加工中心操作工等项目。竞赛内容包含理论、软件和实际操作三部分。决赛一等奖选手获得"全国技术能手"称号，第一名由地方可推荐参加申报"全国五一劳动奖章"的评选。

2. 全国职业院校技能大赛

全国职业院校技能大赛是中华人民共和国教育部发起，联合国务院有关部门、行业和地方共同举办的一项年度全国性职业教育学生竞赛活动。大赛属于国家级一类竞赛，始于 2013 年，竞赛项目多而广，参赛选手多，奖项依据比例设一等奖、二等奖、三等奖。

3. 全国智能制造应用技术技能大赛

全国智能制造应用技术技能大赛是由人社部、中华全国总工会、中国机械工业联合会联合举办的国家级一类竞赛。大赛始从 2017 年，每年一届，大赛设"切削加工智能制造单元安装与调试"和"切削加工智能制造单元生产与管控"两个赛项，分别对应数控机床装调维修工、加工中心操作调整工两个工种，每个工种由理论考试和实际操作两部分组成。大赛分职工组和学生组两个竞赛组别，均为三人团体赛。决赛一等奖选手获得"全国技术能手"称号，各赛项获得职工组全国决赛第1名并符合条件的企业职工选手（不含院校教师），可按程序由各地方推荐参加申报"全国五一劳动奖章"的评选。

4. 中国技能大赛——全国机械行业职业技能竞赛

全国机械行业职业技能竞赛是由中国机械工业联合会、中国就业培训技术指导中心、中国机械冶金建材工会全国委员会、共青团中央青年发展部联合国务院其他行业部门共同举办的一项竞赛活动。大赛属于国家级二类竞赛，设为职工组和学生组，竞赛项目有工业机械装调、工程机械维修工、电梯维修工三类机械类项目。大赛虽然为国家二类竞赛但表彰级别不低，决赛前三名选手可获得"全国技术能手"称号，决赛获第1名并符合条件的企业选手，可报请全国总工会推荐参加"全国五一劳动奖章"的评选。

5. 全国机械行业技能竞赛

全国机械行业技能竞赛是由全国机械职业教育教学指导委员会和机械工业教育发展中心联合其他省级行业部门共同举办的一项竞赛活动。大赛属于机械行业竞赛，设为职工组和学生组不定，竞赛项目覆盖面广。奖项设为一等奖、二等奖、三等奖。

综上所述，国家职业技能竞赛如下图所示。

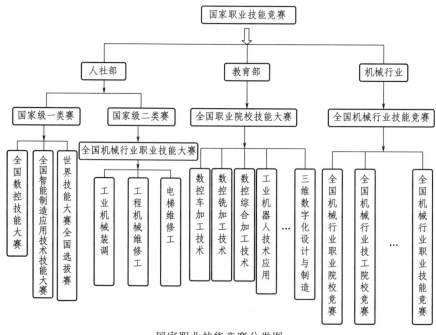

国家职业技能竞赛分类图

二、数控车工职业技能鉴定简介

职业技能鉴定是一项基于职业技能水平的考核活动，属于标准参照型考试。它是由考试考核机构对劳动者从事某种职业所应掌握的技术理论知识和实际操作能力做出客观的测量和评价。职业技能鉴定是客观公正、科学规范评价劳动者职业技能水平的重要手段，是推行国家职业资格证书制度的基础。

数控车工职业技能鉴定是以数控车工国家职业标准为依据，在人力资源社会保障部门的领导下，由市（省）职业技能鉴定中心组织，依托职业技能鉴定站，由数控车工考评员具体实施的对数控车床操作考试人员技能水平的评价和认定。

1. 数控车工鉴定等级

数控车工鉴定考试分四个等级，中级（国家职业资格四级）、高级（国家职业资格三级）、技师（国家职业资格二级）、高级技师（国家职业资格一级）。

2. 数控车工不同等级的申报条件

（1）中级：经过本职业中级正规培训达到规定标准学时数，并取得结业证书；或连续从事本职业工作 5 年以上；或是经劳动保障行政部门审定的，以中级技能为培养目标的中等以上职业学校或相关专业毕业证书。

（2）高级鉴定：取得本职业中级职业资格证书后，连续从事本职业（工种）工作 2 年以上，经本职业高级正规培训达到规定标准学时数，并取得结业证书；或是取得中级职业资格证书后，连续从事本职业（工种）工作 4 年以上；或是经过正规的高级技工培训并取得了结业证书的人员。

（3）技师：取得高级职业资格证书后，连续从事本职业工作 4 年以上，经本职业技师正规培训达标准学时数，并取得结业证书；或是取得本职业高级职业资格证书的职业学校本专业的学生，连续从事本职业工作 2 年以上，经本职业技师正规培训达标准学时数，并取得结业证书；或是取得高级职业资格证书的本科以上，连续从事本职业工作 2 年以上，经本职业技师正规培训达标准学时数，并取得结业证书。

（4）高级技师：取得本职业技师资格证书以后，连续从事本职业工作 4 年以上，经本职业高级技师正规培训达标准学时数，并取得结业证书。

3. 数控车工职业技能鉴定方式

数控车工职业技能鉴定考试分理论知识考试和技能操作考核，理论知识考试采用闭卷方式、统一评分的形式。技能操作（含软件应用）考核采用现场实际操作和计算机软件操作方式。理论知识题考试时间 90min，实操考核时间具体为：四级为 180min，三级 240min，一级、二级 240min，软件应用及工艺编制考核时间 120min，共计 360min。理论知识考试和技能操作（含软件应用）考核均采用百分制，成绩皆达 60 分及以上者为合格。技师、高级技师还须撰写技术论文，进行综合评审。

4. 数控车工职业技能鉴定试卷组成

职业技能鉴定考核内容主要有职业（工种）理论知识、操作技能和职业道德三个方面。这些内容是依据国家职业（技能）标准、职业技能鉴定规范和相应教材来确定的，并通过编制试卷来进行鉴定考核。编制试卷的来源是国家职业技能鉴定题库。

（1）理论试卷的组成：数控车工国家职业资格四级、三级全部是客观题，技师、高级技师试卷采用主观题加客观题（主观题卷面比例约为 50％）。理论试题由计算机从相应级别的题库中随机抽题组卷。

（2）实操试卷组成：实操试卷由零件图样和技能评分表构成。试题中包含端面、外圆、内孔、槽、螺纹等加工要素，对零件的尺寸精度、形位公差、表面粗糙度提出了要求，要求考试人员在规定时间内加工出合格零件。技能操作主要考核应试者对机床的操作能力、识图能力、制订工艺路线、工量刀具的正确使用及零件精度检测等综合能力。

附录二　FANUC 0i 系统准备功能 G 代码及其功能

G 代码	分组	功能
G00	01	快速定位
G01		直线插补
G02		圆弧插补（顺时针）
G03		圆弧插补（逆时针）
G04	00	暂停
G17	16	XY 平面选择
G18		ZX 平面选择
G19		YZ 平面选择
G20	06	英制输入
G21		米制输入
G27	00	返回参考点检查
G28		返回参考点
G29		由参考点返回
G30		返回第 2、3、4 参考点
G32	01	螺纹切削
G34		变导程螺纹切削
G40	07	取消刀尖半径补偿
G41		刀尖圆弧半径左补偿
G42		刀尖圆弧半径右补偿
G50	00	坐标系设定或最高主轴转速设定
G52		局部坐标系设定
G53		机床坐标系设定
G54	14	坐标系设定 1
G55		坐标系设定 2
G56		坐标系设定 3
G57		坐标系设定 4
G58		坐标系设定 5
G59		坐标系设定 6
G65	00	宏程序调用
G66	12	宏程序模态调用
G67		取消宏程序模态调用
G70	00	精车循环
G71		外圆粗车复合循环
G72		端面粗车复合循环
G73		固定形状粗加工复合循环
G74		端面深孔钻削循环

G 代码	分组	功能
G75	00	外圆车槽循环
G76		螺纹切削复合循环
G90	01	单一形状内外径车削循环
G92		螺纹车削循环
G94		端面车削循环
G96	02	恒线速度车削
G97		取消恒线速度
G98	05	每分钟进给速度
G99		每转进给速度

参 考 文 献

［1］ 翟瑞波.数控机床编程与操作［M］.北京：中国劳动社会保障出版社，2004.

［2］ 关颖.FANUC系统数控车床培训教程［M］.北京：化学工业出版社，2007.

［3］ 杨琳.数控车床加工工艺与编程［M］.北京：中国劳动社会保障出版社，2005.

［4］ 沈建峰，朱勤惠.数控车床技能鉴定考点分析和试题集萃［M］.北京：化学工业出版社，2007.

［5］ 陈作越，蒋勇，王晓娥.仿G71指令的椭圆内孔零件数控加工编程设计［J］.组合机床与自动化技术，2015（2）：
154-160.

［6］ 郭建平.巧用宏程序加工椭圆［J］.科技创新导报，2011（7）：100.

［7］ 韩鸿鸾.数控车工全技师培训教程［M］.2版.北京：化学工业出版社，2014.

［8］ 李明.全国数控大赛实操实体及详解［M］.2版.北京：化学工业出版社，2013.

［9］ 庞恩全.CAD/CAM数控编程技术一体化教程［M］.2版.山东：山东大学出版社，2009.

［10］ 于久清.数控车床/加工中心编程方法、技巧与实例［M］.2版.北京：机械工业出版社，2015.

［11］ 孙奎周，刘伟.数控车工技能培训与大赛试题精选［M］.北京：北京理工大学出版社，2011.

［12］ 沈春根，徐晓翔，刘义.数控车宏程序编程实例精讲［M］.北京：机械工业出版社，2013.

［13］ 蒋伟，黎胜荣.最新全国数控大赛模拟试题及解析——数控车实操篇［M］.北京：机械工业出版社，2012.

［14］ 张燕翔.端面螺纹的数控车削加工及程序优化方法［J］.机电工程技术，2017（1）：123-127.

［15］ 王公安.车工工艺与技能训练［M］.北京：中国劳动社会保障出版社.2005.

［16］ 陈海魁.车工技能训练［M］.4版.北京：中国劳动社会保障出版社.2005.